2025 年度

工学基礎実習
Introduction to Manufacturing Techniques

創造教育実習
Technical Application for Creative Manufacturing

静岡大学 工学部
次世代ものづくり人材育成センター

生源寺類　　永田照三
戎　俊男　　太田信二郎
津島一平　　志村武彦

学術図書出版社

まえがき

　蛍光灯を交換できない，ネジをドライバで締めた経験がない，乾電池を正しい向きで電池ボックスに装填できないなど，年長者にとって生活する上で基本的と思われる知識や経験が欠如している工学部学生が増えてきている。また，それらの傾向の増大に伴って工学部に入学してくる学生のものづくりに対する意欲と工学への志望動機の低下は年々著しくなっている。かつては中学校の段階で，のこぎりや金づち，カンナを使って本棚を作ったり，はんだ付けで電子回路を作ったり，板金加工を行ったりしたものであるが，技術・家庭科の授業時数の減少に伴い，時間がかかる活動が割愛されてきていることも誘因である。このため工学部に入学しても将来，ものづくり分野で活躍したいという意思や意欲を持った学生が非常に少なくなっている。欲しいものがあればインターネットで注文すればすぐに手に入り，ちょっとしたものであれば100円ショップで揃うなど，世の中が便利になり日常生活の中でものを作る必要があまりなくなった現在，このような傾向は仕方のないことなのかもしれない。

　本書は，「ものづくり」をメインテーマとし，デジタル回路実習，プログラミング実習，機械・電気電子・金属加工技術を用いた自律制御型車輪走行ロボットの作製とプログラミングといった内容が含まれ，すべての工学系の学生の導入教育教材として利用することができるものである。ここでは，ものづくりに必要な工具の使い方，機械加工の仕方，測定機器の取扱い方，機械・電気・化学材料を扱うための最低限度の知識が習得できるとともに，実習・実験において安全に作業を行う上で知っておくべき知識と保護機器の使い方，データ処理の方法，レポートの書き方についても触れている。実習を通して，ものづくりの楽しさ，大変さを体験でき，各々の専門分野での活動にも生かせる内容となっている。

　実習教材の主役はマイクロコンピュータであり，搭載されるマイクロプロセッサ（PIC，H8，AVR や ARM など）や扱えるプログラミング言語（アセンブラ，コンパイラ，インタプリタ）の相違で様々な教材が市販されている。中でも注目を集めているものの1つに

オープンソースで開発されている Arduino があり，本書では，Arduino の中で一番普及している Arduino UNO を実習教材として取り扱っている。また，Arduino は基板の設計情報も含めすべての情報が公開されているため，初心者からマイコンを熟知したユーザまで幅広く利用され，世界中から数多くの情報が提供されている。公開されている基板情報を元に，独自の基板を開発したり，さまざまな電子部品（センサやアクチュエータ）を取り付けたりすることができる。インターネットに接続するような電子部品を取り付けることで様々な機器をインターネットにつなげる IoT（Internet of Things）機器のセンサデバイスとしての利用も可能である。本書ではこのように多方面で利用できる Arduino を実習で作製するロボットの制御基板としてだけではなく，論理回路実習や各種のセンサ特性の実習などにも活用している。

　ものづくり教育に対する根本的な対応策は，教育を含めた社会環境全体の意識改革にあると思われるが，社会への最終出口としての大学に期待されるところは非常に大きくなっている。本書がものづくり教育の一助となれば幸いであると願っている。

2018 年 3 月

著者一同

目　　次

第 I 部　デジタル回路実習		**1**
第 1 章　2 進数とその演算		**3**
1　2 進数とデジタル回路		3
1.1　アナログとデジタル		3
1.2　デジタルと 2 進数とコンピュータ		4
1.3　2 進数と 16 進数		5
2　2 進数の論理演算		6
2.1　論理積 AND		6
2.2　論理和 OR		6
2.3　否定 NOT		7
2.4　NAND（Negated AND）と NOR（Negated OR）		7
2.5　排他的論理和 Exclusive OR（XOR，EOR）		8
2.6　論理代数（ブール代数）		9
3　コンピュータ上での数値・文字の表現		10
3.1　整数（Integer）		10
3.2　文字（Character）		10
3.3　実数		12
第 2 章　AND 演算回路の作製		**13**
1　この実習について		14
2　LED を点灯する		14
2.1　この実習で使用する電子部品		14
2.2　実習：LED を点灯させる		17
3　IC（74HC00）を用いた NAND 演算回路		18
3.1　この実習で使用する電子部品		18
3.2　実習：74HC00 を使う（NAND 演算回路）		19
3.3　実習：AND 演算回路の作製		21
第 3 章　モータ制御回路の作製		**25**

iv 目 次

1 この実習について	26
2 直流モータを IC で制御する	26
2.1 この実習の主役	26
2.2 実習：モータを 2 つのスイッチで制御する	27
2.3 実習：モータの動きを Arduino UNO で制御する	31

第 II 部　プログラミング実習　　35

第 1 章　Arduino UNO R4　　37

1 Arduino UNO について	37
1.1 マイクロコントローラについて	37
1.2 Arduino UNO R4 基板の概要	37
1.3 Arduino UNO でプログラムを作成するとは	37
2 Arduino IDE について	40
2.1 Arduino IDE のインストール	40
2.2 Arduino IDE の使用方法	42
2.3 プログラムの実行順序について	43
2.4 シリアルモニタ	44

第 2 章　電圧出力の基礎（電圧出力と時間制御）　　47

1 はじめに	47
2 デジタル出力による LED とスピーカの制御	50
2.1 準備	50
2.2 Arduino ができること	51
2.3 LED 点灯回路の作成	53
2.4 プログラム転送までの手順	53
2.5 定数とコメント	64
2.6 ピエゾスピーカを鳴らす 1	65
2.7 ピエゾスピーカを鳴らす 2	67
2.8 ピエゾスピーカを鳴らす 3	68
3 アナログ出力	69

第 3 章　電圧入力とセンサ　　75

1 電圧入力について	75
1.1 2 種類の電圧入力：デジタル入力とアナログ入力	75
2 スイッチの読取り	76

2.1	準備	76
2.2	プルアップ回路・プルダウン回路	77
2.3	タクトスイッチの配置	79
2.4	外部プルアップ回路の作製とスイッチの読取り	79
2.5	内部プルアップの利用とスイッチの読取り	81
2.6	選択構造 if 文	82
2.7	スイッチによる LED の点灯状態の制御（if – else 文）	84
2.8	条件付き繰り返し while 文	86
2.9	スイッチによる LED の点灯状態の制御（while 文）	87
2.10	do – while 文	89
2.11	スイッチ操作のカウント	90
2.12	アナログ入力	97
2.13	複数の条件分岐（else – if 文）	98
2.14	switch 文	99
2.15	反復構造におけるループの脱出とスキップ	103

第 4 章　自作関数と Hama-Bot の制御　　　　　　　　　　　　107

1	関数について	107
1.1	関数の概要	107
1.2	関数の作成例	108
2	Hama-Bot の基本動作について	114
2.1	基本動作の関数化	115
2.2	アナログ出力による Hama-Bot の制御調整	118
2.3	復習：analogWrite 関数について	118
2.4	調整方法の具体例	120

第 5 章　ライントレースとプログラミングの応用　　　　　　　　121

1	ライントレースとプログラミングの応用	121
1.1	フォトリフレクタについて	121
1.2	フォトトランジスタの動作 1	121
1.3	フォトリフレクタの使用方法	122
2	ライントレース	124
2.1	センサの配置	124
2.2	ロボットの姿勢と動作	124
2.3	プログラムの構成	125
2.4	デジタル入力とアナログ入力を使ったライントレース	126

vi　目　次

3　発展：交差点のカウント	127
3.1　交差点通過プログラムの考え方	127
4　発展：アナログ入力の利点	129
4.1　まとめ	130
5　その他の機能紹介	131
5.1　デジタル入力時の内部プルアップ	131
5.2　割り込み機能	132
5.3　配列について	134
5.4　異なるデータ型の取り扱い	135
6　各種センサの使い方	137
6.1　超音波センサ	137
6.2　超音波センサ	139

第 III 部　Hama ボード製作実習 　　143

第 1 章　製作活動における安全とレポート 　　145

1　製作活動を安全に遂行するために必要な安全に関する知識	145
1.1　予防・予知	146
1.2　対処（緊急事態対応マニュアル）	150
1.3　分析・対応	152
2　製作活動をまとめるために必要な知識と技術	155
2.1　レポート作成にあたっての大まかな手順	155
2.2　実験・実習レポートの構成と内容	158
2.3　パラグラフライティング技法による文章の書き方	161
2.4　レポート課題	161

第 2 章　Hama ボードの製作 　　163

1　この実習の内容	163
1.1　基本設計	163
1.2　ベースプレートの加工	163
1.3　組立て	163
1.4　検証	164
1.5　改善	164
2　基本設計	164
2.1　目的の把握	164
2.2　形状の検討	164

目　次　*vii*

2.3	ベースプレートの材質検討	165
2.4	加工図面の作成	167
3	**ベースプレートの加工**	**167**
3.1	穴あけの位置決め	168
3.2	ベースプレートの穴あけ加工	168
3.3	ベースプレートの端面処理（バリ取り，削り）	171
3.4	清掃と片付け	171
4	**組立て**	**172**
4.1	Arduino UNO のねじ止め	172
4.2	ブレッドボードのねじ止め	172
4.3	ゴム足とシリアルナンバーシールの貼付け	173
5	**検証**	**173**
6	**改善**	**174**
6.1	検証において問題がない場合	174
7	**解説**	**175**
7.1	ねじによる接合	175
7.2	ねじの種類	175
7.3	ねじの呼び方	177

第IV部　Hama-Bot 製作実習　　179

第1章　Hama-Bot 製作の準備　　181

1	**この実習について**	**181**
2	**Hama-Bot 製作実習全体の概要**	**182**
3	**基本設計**	**182**
3.1	課題の細分化	182
3.2	システムの設計	183
3.3	形状の設計	184
3.4	モータ駆動制御回路の設計	185
3.5	動作確認用プログラムの設計	186
4	**モータの選定**	**188**
4.1	DC モータについて	188
4.2	歯車（ギヤ）について	191

第2章　はんだ付けと回路検証・動作確認　　193

1	**実習の概要**	**194**

viii　目　次

1.1	接合方法としてのはんだ付け	194
1.2	金属材料の観察と評価	195
1.3	センサ回路基板の作製	195
1.4	モータ配線のはんだ付け	196
2	**はんだ付けの手順**	**197**
2.1	基板の設計	197
2.2	使用機器と環境	198
2.3	はんだ付けの準備	199
2.4	はんだ付け	199
2.5	基板への電子部品のはんだ付けにおける注意点	201
2.6	はんだ上げ	202
2.7	回路検証	203
3	**実習の手順**	**205**
3.1	はんだ付け技術の習得（練習）	205
3.2	各種金属線のはんだ付け特性の評価	207
3.3	センサ回路基板への電子部品のはんだ付け	207
3.4	モータへのはんだ付け	209
3.5	センサ回路基板の検証	210
3.6	センサ回路基板の動作確認	211
3.7	フラックス・ヤニの除去	213
3.8	DC モータの動作特性評価	213
4	**解説**	**214**
4.1	はんだの組成	214
4.2	はんだ付けにおけるフラックスの役割	215
4.3	はんだ付けされた金属界面の構造	216

第3章　Hama-Bot の組み立て　　　　217

1	**実習の概要**	**217**
2	**Hama-Bot の組立て**	**217**
2.1	ギヤボックスの組立て・モータの取付け	218
2.2	スペーサの加工・取付け	218
2.3	ギヤボックスの取付け	218
2.4	電池ボックスの取付け	220
2.5	赤外線センサの取付け	221
2.6	Hama ボードの取付け	222

目　次　*ix*

　　2.7　タイヤ・キャスタの取付け 223
　3　　モータ駆動回路の組立て 223
　　3.1　安全に回路を組むために 224
　　3.2　重要部品の配置 224
　　3.3　各種電源の接続 224
　　3.4　モータ動力線の接続 225
　　3.5　信号線の接続・回路の確認 225
　4　　赤外線センサの配線 226
　　4.1　センサの電源線の接続 227
　　4.2　センサの信号線の接続 227
　　4.3　センサの接続確認 227
　5　　動作確認用プログラムの作成 228
　　5.1　setup 関数 228
　　5.2　loop 関数 228
　　5.3　プログラムの書き込みと確認 229
　　5.4　残りのプログラム 229
　　5.5　プログラムの書き込みと確認 229
　6　　改良 229
　　6.1　動作の振り返り 230
　　6.2　解決策の検討 231
　　6.3　基本設計 231
　　6.4　実施と検証 232

第 V 部　Hama-Bot の改良　　235

第 1 章　Hama-Bot の改良 機械加工編　　237
　1　　実習の概要 237
　2　　シャーシの基本設計 238
　3　　シャーシの加工 241
　　3.1　板にケガキ線を引く 241
　　3.2　板の切断 243
　　3.3　穴あけ・折り曲げ位置のケガキ作業 244
　　3.4　穴あけ加工 244
　　3.5　切り欠き部の加工 245
　　3.6　板の曲げ加工 245

x　目　次

　　4　　スペーサの製作..245

　　　4.1　使用する工作機械とその部分の名前および工具の名前................246

　　　4.2　スペーサ加工の順番...248

　　　4.3　フライス盤による加工...249

　　　4.4　旋盤による加工...250

　　　4.5　手作業による加工と寸法の確認...................................252

第 2 章　Hama-Bot の改良 センサ編　255

　　1　実習の概要..255

　　2　基本設計..255

　　　2.1　目的の把握...255

　　　2.2　検出方法の検討...256

　　　2.3　センサの形状設計...258

　　　2.4　センサ入力回路の設計...258

　　　2.5　プログラムの設計...259

　　　2.6　トラブルシューティングと「見える化」.........................260

　　3　触覚センサの組み立て...262

　　　3.1　触覚センサの製作...262

　　　3.2　触覚センサの取付けと電子回路の組み立て.......................262

　　　3.3　プログラムの作成と動作確認...................................266

　　4　センサの利用...268

　　　4.1　センサとデジタル入力...269

　　　4.2　センサとアナログ入力...270

参考文献　273

第1部

デジタル回路実習

第1章

2進数とその演算

コンピュータの内部では，情報は2進数で表現され，論理演算の組み合わせにより高度な演算を実現している。本章では，実習に先立ってデジタル回路を作成するために必要な知識として，2進数とその演算について学ぶ。

1　2進数とデジタル回路

1.1　アナログとデジタル

Aさんは柱に傷を付けて身長を記録した。床から傷までの長さを測ったところ 129.3 cm であったのでノートに記録した。さて，柱に傷を付けて身長を記録するように，ある数値を連続的に（原理的には無限に細かく）表すことをアナログ表現という。それに対し，メジャなどで測定した数値を読み取り，数値を離散的にある桁数の範囲で表すことをデジタル表現という。すなわちアナログ表現では，連続的な物理量（アナログ量）で数値を表現し，デジタル表現では，離散的な量（デジタル量）で数値を表現する。

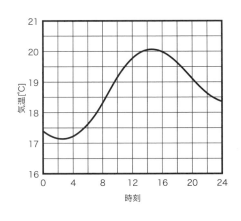
(a) アナログ表現

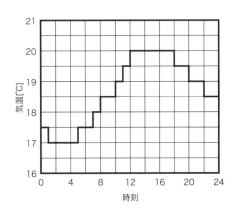
(b) デジタル表現

図 1.1　1日の気温変化

図 1.1 は，1日の気温の変化を表したものである。アナログ表現では，時刻，温度ともに連続的に記録されている。自然界での気温の変化そのものを表現しているといえる。一方，

4   第1章 2進数とその演算

デジタル表現では，時刻，温度ともに離散的に記録されている。アナログ表現をデジタル表現に変換するためには，情報を一定の間隔で区切って表現する必要がある。気温のグラフでは，一定時間ごとに情報を読み取る。時刻方向の離散化を標本化（サンプリング）と呼ぶ。また，標本化により読み取った情報を，ある精度の数値として近似的に離散値として表現することを量子化と呼ぶ。図では，1時間ごとに標本化し，0.5 ℃刻みで量子化したものである。このとき，温度測定の間隔を，1分間刻み，1秒刻みとすることで，標本化の精度は上がる。同様に，温度を 0.1 ℃刻み，0.01 ℃刻みなど，より細かい区間で量子化することで，量子化誤差（量子化前の連続量と量子化後の離散値との差）は減り，量子化の精度は上がる。このように十分な精度があれば，連続量として考えることができる。

1.2 デジタルと2進数とコンピュータ

電気回路で，最もシンプルな状態の表現は，スイッチの ON/OFF である。このような状態を表現するために，コンピュータの内部では，2進数，すなわち数字 0 と 1 のみを使って表現する。同様に，一般的なコンピュータでは，命令・データ，バスや周辺 IC などを走る信号は 0 V/5 V の 2 つだけであり，コンピュータは信号電圧の有（5 V）無（0 V）で情報を判断する[1]。コンピュータの信号が 2 種類だけなのは，電圧の有無を扱うだけ（スイッチの ON/OFF だけを考えるだけ）でよく，論理的にも回路的にも単純化することができるからである。この 2 種類の信号は表 1.1 のように表示されることが多い。

表 1.1　信号の表示法

5 V	1	High	A	True （T）	真
0 V	0	Low	$\overline{A}$	False （F）	偽

以上のように，コンピュータ内部のデータは 0/1 すなわち 2 進数（binary digit）デジタル信号として取り扱われる。コンピュータの信号線 1 本または 2 進数 1 桁で表現することのできる情報量（0/1）を 1 bit（BInary digiT）と呼ぶ。8 bit CPU とは，一般的にはレジスタ長とデータバス長のうち短い方が，8 bit である CPU のことをいう。2 進数では，0 と 1 のみで表現されるが，10 進数と同様に，桁数を増やすことで，大きな値を表現することが可能である。例えば，4 bit（4 桁の 2 進数）では，$0 \sim 2^4 - 1 = 15$ まで表現できる。

演習 1.1

(1) 8 bit コンピュータで一度に表現できるデータは何通りか。

---

[1] 低電力化のため 3.3 V のものもある。

1.3 2進数と16進数

2進数とは基数（Base）が2の数であり，次の様に表現される。

$$\pm d_{n-1}d_{n-2}\cdots d_1 d_0.d_{-1}\cdots d_{-m}\cdots \tag{1.1}$$

ここで，d_{n-1}, $d_{n-2}\cdots$ は0または1である。この数の値は

$$\pm \quad d_{n-1}2^{n-1}+d_{n-2}2^{n-2}+\cdots+d_1 2^1+d_0 2^0+d_{-1}2^{-1}+\cdots+d_{-m}2^{-m}+\cdots \tag{1.2}$$

となる。2進数1001.1の場合の例を次式に示す。

$$(1001.1)_2 = 1\times 2^3+0\times 2^2+0\times 2^1+1\times 2^0+1\times 2^{-1}=9.5 \tag{1.3}$$

すなわち，基数が10であるか，あるいは2であるかの違いで普段使っている10進数と何ら変わりはない。なお本書では，2進数を他の数字と区別する必要があるときには，括弧および下付きの2を用いて，例えば$(1001.1)_2$のように表記する。

また，一般に数を表現する場合，ある位よりも上の位がすべて0のときは，そこには何も書かないが（例えば7を007とは書かない），コンピュータ上の数を扱うときは，0という数字は0Vの信号を意味するので，信号として扱っている桁はすべて書く。例えば，8 bitのコンピュータで7を表現する場合，2進数で111とは書かずに，0000　0111のように8 bitすべて書く。

演習 1.2

(1) 次の10進数を2進数に変換せよ。

  (a) 16，(b) 127，(c) 3.125，(d) 0.8（少数点以下5桁程度でよい）

(2) 次の2進数を10進数に変換せよ。

  (a) 1111，(b) 1000101，(c) 10000000，(d) 1.01

この演習問題（0.8を2進数に変換）からわかるように，我々が用いている10進数では簡単に表現できる数（小数）でもコンピュータでは表現することが困難な場合がある。これはコンピュータで数値計算を行う際の誤差に通じる。また，2進数で大きな数を表現した場合，0と1の羅列からでは目がちかちかしてどのような数値を表しているか簡単には判断できない。そこでコンピュータの世界では，2進数4桁をひとまとめにして16進数として表すことが多い。このとき10〜15の数値は，表1.2に示すようにA〜Fのアルファベットを用いる。また，2進数の場合と同様に，本書では16進数を他の数と区別する必要があるときには，括弧および下付きの16を用いて，例えば$(129)_{16}$のように表記する。

また，16進数2桁すなわち8 bitを1つの単位として1 Byteと呼ぶ。コンピュータのメモリやディスクの容量等はByteを単位として表される。

6   第1章 2進数とその演算

表1.2 2進数と16進数

10進数	0	1	2	3	4	5	6	7	8
2進数	0	1	10	11	100	101	110	111	1000
16進数	0	1	2	3	4	5	6	7	8
10進数	9	10	11	12	13	14	15	16	17
2進数	1001	1010	1011	1100	1101	1110	1111	10000	10001
16進数	9	A	B	C	D	E	F	10	11

2 2進数の論理演算

　日常生活で行う加減乗除などの算術演算は，コンピュータ内部の回路によって直接実現することができない。回路によってできる演算は，以下に述べる論理演算と呼ばれるものである。加減乗除などの算術演算をはじめ，コンピュータ内部の演算は，すべて論理演算の組み合わせ，すなわち論理回路の組み合わせによって行われる。論理積や論理和の記号は，算術演算の積・和と同じ記号なので混同しないこと。もちろん，プログラム中では異なる記号を用いる。

2.1 論理積 AND

表記法：　$Y = A \times B = AB$，(`Y = A & B`：Arduino 言語での表記法。以下同じ。)

演算：　A，B の各 bit が両方とも 1 のときのみ 1。それ以外は 0。

A	B	A × B
0	0	0
1	0	0
0	1	0
1	1	1

論理積の例（8 bit）

$$01101001 \times 10010110 = 00000000$$
$$11111111 \times 00000111 = 00000111$$

2.2 論理和 OR

表記法：　$Y = A + B$，(`Y = A | B`)

演算：　A，B の両方とも 0 のときのみ 0。それ以外は 1。

論理和の例（8 bit）

$$01101001 + 10010110 = 11111111$$
$$11110000 + 00000111 = 11110111$$

A	B	A + B
0	0	0
1	0	1
0	1	1
1	1	1

2.3 否定 NOT

表記法： $Y = \overline{A}$，（`Y = ~A`）

演算： A を反転する。

A	$\overline{A}$
0	1
1	0

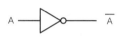

否定の例（8 bit）

$$\overline{01101001} = 10010110$$
$$\overline{11111111} = 00000000$$

注：回路記号では否定（負論理）を表す記号として ○ を用いる．また，NOT 回路はインバータ（Inverter）とも呼ぶ．

2.4 NAND（Negated AND）と NOR（Negated OR）

表記法： $Y = \overline{A \times B}$，$Y = \overline{A + B}$

演算： NAND=論理積演算後否定演算，NOR=論理和演算後否定演算

回路記号では NAND は AND 回路に ○ を，NOR は OR 回路に ○ を付けたものになる．

A	B	$\overline{A \times B}$	$\overline{A + B}$
0	0	1	1
1	0	1	0
0	1	1	0
1	1	0	0

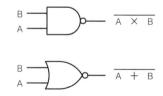

実際のデジタル回路では，トランジスタの性質上，AND, OR 素子よりも NAND, NOR 素子の方が回路構成が単純となる．NAND, NOR の IC を図 1.2 に示す．

8   第1章　2進数とその演算

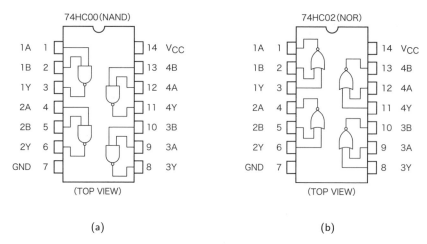

(a)　　　　　　　　　　　　　　(b)

図 1.2　NAND（74HC00）と NOR（74HC02）の IC。

2.5　排他的論理和 Exclusive OR（XOR，EOR）

表記法：　$Y = A \oplus B$，　($Y = A \,\hat{}\, B$)

演算：　A，B どちらか片方のみ 1 のとき 1。それ以外は 0。

A	B	$A \oplus B$
0	0	0
1	0	1
0	1	1
1	1	0

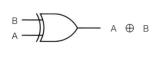

排他的論理和の例（8 bit）

$$01101001 \oplus 11111111 = 10010110$$

$$00000111 \oplus 00000111 = 00000000$$

　XOR が重要なのは，2 進数 1 bit の加算の結果がちょうど XOR の演算と同じになるからである。すなわち，1 bit の加算は桁上がりを含めて，図 1.3 に示す半加算回路で実現できる。「半」がついているのは，2 bit 以上の加算の際の下位桁からの繰り上がりが考慮されていないからである。

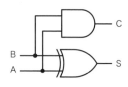

A	B	S（XOR）	C（AND）
0	0	0	0
1	0	1	0
0	1	1	0
1	1	0	1

図 1.3　1 bit 半加算回路 A+B，S：結果，C：桁上がり

備考：上で記した，すべての入出力の結果を表にしたものは真理値表と呼ばれる。

演習 1.3

(1) 排他的論理和（A $\oplus$ B）を論理積，論理和，否定を用いた論理式で表せ。

(2) AND，OR，NOT 等の論理回路を用いて，XOR 回路を組め。

2.6 論理代数（ブール代数）

論理積，論理和，否定に関し，次の関係が成り立つ。これらの関係およびこれらの関係から導かれる数学的展開を論理代数またはブール代数（Boolean Algebra）と呼ぶ。これらは回路を組み替える際に使われる。

1. $A + 0 = A$, $A0 = 0$
2. $A + 1 = 1$, $A1 = A$
3. $A + \overline{A} = 1$, $A\overline{A} = 0$
4. $A + A = A$, $AA = A$
5. $A + B = B + A$, $AB = BA$
6. $(A + B) + C = A + (B + C)$, $(AB)C = A(BC)$
7. $A + BC = (A + B)(A + C)$, $A(B + C) = AB + AC$
8. $A + AB = A$, $A(A + B) = A$
9. $\overline{(\overline{A})} = A$

演習 1.4

(1) 上記の関係 1〜9 を真理値表を用いて確認せよ。

(2) 次の関係

$$\overline{A \times B} = \overline{A} + \overline{B}, \quad \overline{A + B} = \overline{A} \times \overline{B}$$

はド・モルガンの定理（de Morgan's theorem）と呼ばれる。真理値表を用いてこれを確認せよ。

10 第1章 2進数とその演算

演習 1.5

(1) 8 bit の 16 進数 $(XX)_{16}$ がある。この 16 進数に対して次のような操作を行うためには，どのような 16 進数 $(YY)_{16}$ とどのような論理演算を行ったらよいか。$(XX)_{16}$ 演算子 $(YY)_{16}$ のかたちで示せ。

(a) MSB を 0 にする，(b) MSB を 1 にする，(c) MSB を反転させる（MSB は最上位ビットを意味する）

(2) 次の 1 Byte の 16 進数の論理演算を行え。

(a) $(47)_{16} \times (19)_{16}$，(b) $(54)_{16} \times (AB)_{16}$，(c) $(CA)_{16} + (35)_{16}$，

(d) $(28)_{16} + (13)_{16}$，(e) $(CD)_{16} \oplus (48)_{16}$

---

3 コンピュータ上での数値・文字の表現

3.1 整数 (Integer)

整数は，数学では 0, ±1, ±2, ±3 ⋯ と無限に続くが，コンピュータ上ではある範囲に限られる。その範囲を越えた演算は行うことができない。整数の定義できる範囲はシステム（整数に与えられた bit 数，符号の有無等）により異なる。コンピュータにとって整数演算は最も得意とするところであり，整数の範囲もその CPU にとって演算が一番容易になるようにとるのが普通である（8 bit CPU ならば 8 bit か 16 bit）。

表 1.3 8 bit，16 bit で表現できる整数の範囲

bit 数	符号なし （MSB は数値）	符号あり （MSB は符号）
8bit	\$00 〜 \$FF 0〜255	\$80 〜 \$7F −128〜127
16bit	\$0000 〜 \$FFFF 0〜65535	\$8000 〜 \$7FFF −32768〜32767

3.2 文字 (Character)

コンピュータに与えるデータやコンピュータから得られる結果が整数のみであれば，16 進数 1 桁あたり 4 bit（0〜F）の表現で十分であるが，普通はアルファベットや漢字などの文字も扱いたい。

コンピュータ上で我々が扱う英数字や特殊文字は，表 1.4 に示す 1 Byte（7 bit）のアスキーコード（ASCII: American Standard Code for Information Interchange）で表される（日本では ASCII コードとほぼ等価な JIS コードが用いられている）。例えば，キーボード

3 コンピュータ上での数値・文字の表現　*11*

表 1.4　ASCII（JIS）コード

			上位 4bit							
			0000	0001	0010	0011	0100	0101	0110	0111
			0	1	2	3	4	5	6	7
下位 4bit	0000	0	NUL	DLE	SP	0	@	P	'	p
	0001	1	SOH	DC1	!	1	A	Q	a	q
	0010	2	STX	DC2	"	2	B	R	b	r
	0011	3	ETX	DC3	#	3	C	S	c	s
	0100	4	EOT	DC4	$	4	D	T	d	t
	0101	5	ENQ	NAK	%	5	E	U	e	u
	0110	6	ACK	SYN	&	6	F	V	f	v
	0111	7	BEL	ETB	'	7	G	W	g	w
	1000	8	BS	CAN	(	8	H	X	h	x
	1001	9	HT	EM	)	9	I	Y	i	y
	1010	A	LF	SUB	*	:	J	Z	j	z
	1011	B	VT	ESC	+	;	K	[	k	{
	1100	C	FF	FS	,	<	L	¥	l	|
	1101	D	CR	GS	-	=	M	]	m	}
	1110	E	SO	RS	.	>	N	^	n	~
	1111	F	SI	US	/	?	O	_	o	DEL

から 'A' と打ち込めば $41 というコードが入力される。また，ある計算の結果が数値 7 で
あったとすると，この結果は $37 というコードでディスプレイやプリンタに出力される。数
値 7 が直接出力されるわけではないことに注意する。したがってコンピュータはデータの
入出力の際，ASCII コード（テキスト形式）⇔ 計算機内部で扱う数値形式の変換を行わな
ければならない。

・ASCII コードの例

"Boe-bot" = 426F652D626F74

　また，ひらがなや漢字などの全角文字は JIS，シフト JIS などの 2 Byte コードで表され
る。近年では，各国でまちまちであった 2 Byte 文字コードを統一し，多国語処理が可能と
なる Unicode とよばれる文字コードも用いられている。Unicode では文字符号化形式とし
て UTF-8，UTF-16，UTF-32 が定められている。UTF-8 では，1 符号化文字を 1〜4 Byte
コードで表す可変幅文字符号化形式である。

・UTF-8 の例

"創造" = E589B5E980A0

12   第1章　2進数とその演算

3.3　実数

　符号を含めて5桁の10進数を考える。小数点をどこかの位置に固定して考えると，5桁のスペースで表される数は

$$\pm 0.001 \sim \pm 9.999$$

のような範囲となる。このように小数点を固定させた数の表現法を固定小数点表現とよぶ。この表現法で表現できるのはせいぜい 10^5 の範囲であり，これでは整数の範囲と変わらず，実数の表現法としては都合が悪い。

　一方，数を仮数部 × 指数部（mantissa or significand × exponent）の形で表す表現法を浮動小数点（floating-point）表現とよぶ。この表現法では，指数部を2桁とるとすると，

$$\pm 0.1 \times 10^{-9} = \pm 0.0000000001 \sim \pm 9.9 \times 10^{+9} = \pm 9900000000$$

という 10^{20} の範囲の数を表現することができる。ただし精度は2桁である。

　このような事から，桁数が限られているコンピュータ上では，実数は2進法による浮動小数点表現で与えられる。基数が10から2にかわるだけで，10進法でも2進法でも浮動小数点の表現は違わない。例えば，符号を含めて8桁（指数部3桁）の2進浮動点小数表現ならば，

$$\pm (0.001)_2 \times 2^{-(11)_2} = \pm 0.015625 \sim \pm (1.111)_2 \times 2^{+(11)_2} = \pm 15$$

の範囲の2進数を表現することができる。

第 2 章

AND 演算回路の作製

- この実習の内容
  - LED（発光ダイオード）を点灯させる
  - ブレッドボード・ワイヤストリッパの使い方を習得する
  - IC（74HC00）を用いた AND 演算回路を作製する

- 用意するもの

	数量等		数量等
ブレッドボード	1	タクタイルスイッチ	2
Arduino UNO	1	IC（74HC00）	1
LED（赤）	2	単線コード（赤）	
LED（緑）	1	単線コード（黒）	
抵抗器（470 Ω，1/4W）	3	単線コード（青，黄，緑）	
抵抗器（10 kΩ，1/4W）	2		
テスタ		ワイヤストリッパ	
ニッパ		ラジオペンチ	

14　第 2 章　AND 演算回路の作製

1　この実習について

本実習では，LED 点灯回路，AND 演算回路を作製し，ブレッドボードの構造や使い方など，デジタル回路を作製するための基礎的な知識，工具の使い方を学ぶ。最終的には，ロジック IC を利用した AND 演算回路による LED 点灯・消灯回路を作製する。

2　LED を点灯する

LED（Light-Emitting Diode：発光ダイオード）は，電球に代わる低電力・長寿命の発光源として，家電製品ばかりでなく，信号機や街灯など様々な用途に用いられている。デジタル回路実習のはじめとして LED を点灯させる回路作製を通じて，ブレッドボードの構造やワイヤストリッパの使い方について学ぶ。

2.1　この実習で使用する電子部品

1) LED

LED の回路記号は，図 2.1(a) に示すようなダイオードの記号に発光を表す矢印がついたものである。記号の三角形が電流の流れる方向を示し，アノード（陽極）側に正の電圧を加えると発光する。三角形の頂点についた棒（バリア）は，カソード（陰極）側から電圧を加えても電流が流れないことを表している。

一般的な LED は図 2.1(b) のような形をしている。足（導線）の長い方がアノードである。LED や抵抗器，コンデンサなどの電子部品は，足を切って使用することがある。この場合は，LED 本体の切り欠きを目安に，アノードかカソードかを判断することができる。

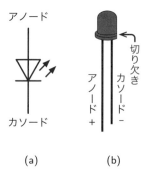

図 2.1　LED の記号と外形

2) 抵抗器

抵抗器は，電流を流れにくくするための電子部品である。回路を作製する上で，不可欠と言っていいくらい使用頻度が高く，この実習でも LED を点灯させるための電流の制限や，スイッチの ON/OFF に応じた電圧をロジック IC に入力するための分圧に用いている。

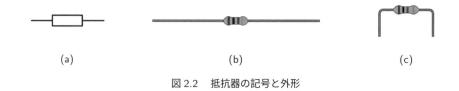

図 2.2　抵抗器の記号と外形

抵抗器の回路記号は，図 2.2(a) に示すような長方形の記号に端子がついたものである。また，本実習で使用する抵抗器は図 2.2(b) のように，抵抗器本体の両端からリード線（金

属製の脚）が出た形をしている。LED とは異なり極性は無いため，どちらの向きに接続しても同じである。実際に使用する場合は図 2.2(c) のようにリード線を折り曲げて使用する。このとき抵抗器本体に力が掛からないように，ラジオペンチで抵抗器本体付近のリード線を挟み，抵抗器本体とは反対側から出ているリード線を指の腹などで押し曲げる。

デジタル回路で用いられる炭素皮膜抵抗器では，抵抗値が 4 本または 5 本のカラー帯で表示される。4 帯表示の場合は，抵抗器の端に近い帯から順に（10 の位 ＋ 1 の位）× 10 のべき数および精度の値が色によって示されている。5 帯表示の場合は 100 の位から始まる。各色が示す数値は表 2.1 のとおりである。

表 2.1　抵抗器のカラーコード

色	各桁の値	10 のべき乗	精度
黒	0	$10^0=1$	
茶	1	10^1	±1%
赤	2	10^2	±2%
橙	3	10^3	
黄	4	10^4	
緑	5	10^5	
青	6	10^6	
紫	7	10^7	
灰	8	10^8	
白	9	10^9	
金			±5%
銀			±10%

例えば，実習で使用する 10 kΩ の抵抗器のカラーコードは茶・黒・橙・金であり，$10 \times 10^3 = 10000$ Ω，すなわち 10 kΩ を示している。

3) ブレッドボード

ブレットボードとは，電子回路の試作・実験用の回路基板のことである。ブレッドボードとはパンこね板のことである。かつて電子部品が大きかった時代に，パンこね板のような木板上に釘を打ち付け，そこに部品をはんだ付けしたり，導線を巻きつけたりして回路を組んでいたのが語源である。実習で使用するブレッドボードは，現在主流であるソルダレス（はんだ付け不要）・ブレッドボードである。電子部品をさすための穴が並んでおり，その穴に電子部品や導線を差し込むことで，はんだ付けをすることなく回路を組み立てることができる。

図 2.3 (a) にブレッドボードの外観を示す。実習で使用するブレッドボードは，図上部から電源ライン，部品実装エリア，電源ラインで構成されている。ブレッドボードには，DIP

規格と呼ばれる一般的なICの脚の間隔にあうように 2.54 mm 間隔で穴があいている。また，ブレッドボードの内部には複数の穴にまたがったばね接点があり，内部で電気的につながった穴の列の集まりとなっている。

図 2.3 (b) にブレッドボードの内部接続図を示す。電源ラインは，穴が横方向につながっている。部品実装エリアは，穴が縦方向につながっている。ただし，中央部分に分離溝が設けられており，部品実装エリア上部と下部は電気的につながっていない。特に IC はこの中央の分離溝をまたぐように配置する。

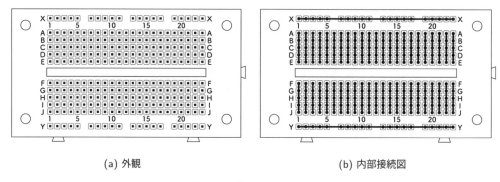

(a) 外観　　　　　　　　　　　　　(b) 内部接続図

図 2.3　ブレッドボード

実習では図 2.4 に示すように，Arduino UNO から上部電源ラインの右端に電源（5 V）を赤色の単線コードで接続し，部品実装エリアの上部右端に GND を黒色の単線コードで接続する。さらに短い黒色の単線コードで中央の分離溝の右端をまたぐように接続し，下部の部品実装エリアと下部の電源ラインとを接続する。これによって，Arduion UNO とパソコンとを USB ケーブルで接続し，Arduion UNO に電源供給すると上部電源ラインに 5 V が供給され，下部電源ラインが GND（0 V）となる。また，部品の差し替え中は安全のため Arduino UNO への給電を停止する。

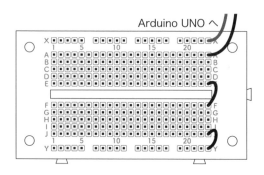

図 2.4　電源供給されたブレッドボード

2.2 実習：LED を点灯させる

図 2.5 は LED を発光させるための回路図である。回路図は，図 2.5 (b) のように電源を 5 V と GND とに分けて記す場合が多いが，あくまでも図 2.5 (a) のように 1 つのループをつくっている。

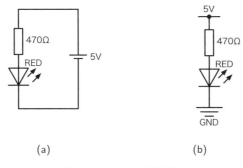

図 2.5　LED 点灯回路図

図 2.6 に図 2.5 の回路をブレッドボード上に実装した図を示す。図 2.6 (a)〜(c) は，すべ

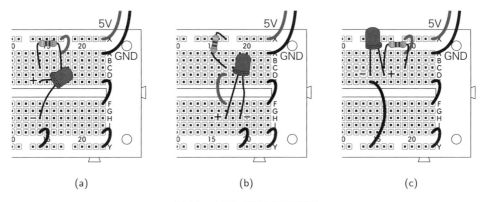

図 2.6　LED 点灯回路の実装図

て同じ回路である。回路図は，部品の接続関係を示したもので，実際の配置や接続方法については考慮していない。そのためブレッドボードをどのように使用するか，抵抗器の足を導線として利用するかなどによって，同じ回路図を元にしても作製される回路は違ったものになる。それでは，回路図および実装図（図 2.6 (a)）を参考にしながら LED を発光させよう。

実習 1　次の手順にしたがって回路を組み，LED を発光させよ。

① 赤色の単線の片端をブレッドボードの 5 V ラインに，片端を 1 つの列の穴に差し込む。

② 抵抗器（470 Ω）の片端を赤色の単線を差したのと同じ列の穴に差し，もう片端を別の列の穴に差し込む。

③ ブレッドボード中央の分離溝をまたぐように LED（赤）の両極を差し込む。こ

18   第 2 章　AND 演算回路の作製

　　　　のとき，アノード（足の長い方）を抵抗器と同じ列の穴に差し込む。
　　　④ 黒色の単線の片端を LED のカソード（足の短い方）と同じ列の穴に，もう片端
　　　　をブレッドボードの GND ラインの穴に差し込む。
　　　⑤ 回路を確認の後，Arduion UNO とパソコンとを USB ケーブルで接続し，ブレッ
　　　　ドボードに通電させる。うまくいけば LED が発光する。
実習 2　LED の極性を反対にして接続し，LED が発光しないことを確かめよ。
実習 3　テスタを用いて抵抗器における電圧降下および LED の順方向電圧を測定せよ。
　　　① 回路を LED が発光している状態にしておく。
　　　② テスタに赤と黒の測定棒を接続し（すでに接続してあるものもある），ダイヤル
　　　　を直流電圧 DC20 V に合わせる。
　　　③ 極性に注意しながら，抵抗器および LED の両端の電圧（電位差）を測定する。
実習 4　実装図（図 2.6 (b)，(c)）を参考に回路を組み，LED を発光させよ。

演習 2.6　　（LED を発光させるための電力）

(1) 抵抗器が 1 kΩ の場合について，実習で測定した電圧 V_R を用いて回路を流れる電
流 [A] を計算せよ。また，このときの回路全体の消費電力 [W] を求めよ。

(2) LED の最大定格電流（ここまでは流してもよい値）を 30 mA とする。最大定格
電流を流すためには何 Ω の抵抗器を接続すればよいか。ただし，LED 両端の電圧
は (1) で用いた V_L と同じとする。

3　IC（74HC00）を用いた NAND 演算回路

　デジタル回路は論理回路とも呼ばれ，論理演算を行う電子回路である。コンピュータ内
部での様々な演算処理は，複数の論理ゲート（論理素子）の組み合わせにより構成された
論理回路による論理演算により実現される。本実習で作製するデジタル回路では，それぞ
れの論理ゲートへの入力信号は，電圧の高低で表現される。ここでは，論理ゲートとして
NAND 論理ゲートを用いて，その出力信号で LED を点灯・消灯させることで，デジタル
回路における信号の入出力について学ぶ。

3.1　この実習で使用する電子部品

1) ロジック IC（NAND）：74HC00

　74HC00 は NAND（否定論理積）論理ゲートを 4 回路内蔵した IC である。74HC00 に限
らず，DIP（Dual Inline Package）規格の IC は，図 2.7 (a) のように多数の足を持ったゲ
ジゲジのような格好をしている。切り欠きがある方が頭で，頭の左には 1 番ピンを示す丸
いくぼみがある IC もある。図 2.7 (c) に，上から見た論理ゲートの入出力図を示す。4 個

(a) 外形

A	B	$\overline{A \times B}$
0	0	1
0	1	1
1	0	1
1	1	0

(b) 真理値表

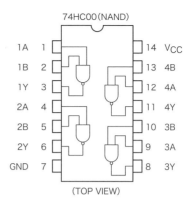

(c) 論理回路のピン割り付け

図 2.7　74HC00：(a) 外形 (b) 真理値表 (c) 論理回路のピン割り付け

の NAND 論理ゲートの入出力関係がわかる。

例えば，74HC00 の 1 番ピン，2 番ピンに入力を入れると，3 番ピンから入力に対応する NAND 演算結果が出力される。ところで，14 本のピンの内，図 2.7 (c) には，NAND 論理ゲートの入出力として使われていないピンがある。14 番ピンには Vcc，7 番ピンには GND と記されている。すなわち，この IC を動作させるための電源である。使用する際は，いずれも 14 番ピンを 5 V に，7 番ピンを GND に接続する。IC への電源供給は IC を利用する上で当然であるため，回路図では省略されることが多いため，注意しなければならない。

なお，IC の足は曲がりやすいため，本実習では耐久性をあげるために丸ピン IC ソケットを装着して使用する。また，周囲の電界の影響や消費電流の増加を避けるため，未使用の入力ピンは 5 V または GND に接続することが望ましいが，本実習では簡単のため未使用の入力ピンをオープンのままで使用する。

2) タクタイルスイッチ（触覚スイッチ）

タクタイルスイッチ（tactile switch）は図 2.8 のような形をした 4 端子のスイッチで，押すとクリック感のあるスイッチである。

4 端子のうち 2 端子どうしは内部で接続されており，スイッチを押下することですべての端子が導通する。

3.2　実習：74HC00 を使う（NAND 演算回路）

NAND 演算回路の回路図を図 2.9 (a) に，ブレッドボード上に実装した図を図 2.9 (b) に示す。本回路は，74HC00 を用いて，入力信号に対して NAND 演算を行う回路である。

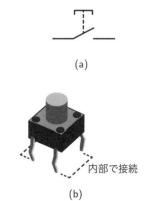

図 2.8　タクタイルスイッチの記号と外形

入力信号は赤色 LED で可視化し，出力信号は緑色 LED で可視化している。2 つのタクタイルスイッチを用いて，2 つの入力信号を操作する。タクタイルスイッチが押されていると，入力信号は 1（High）となり，赤色 LED が点灯する。

2 つの入力信号は 74HC00 に入力され，その出力に応じて，緑色 LED が点灯または消灯する。

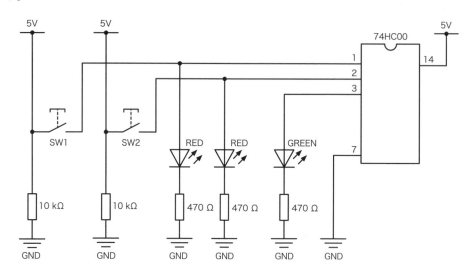

(a) 回路図

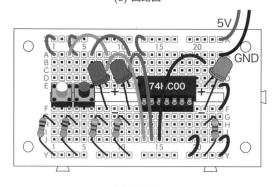

(b) 実装図

図 2.9　NAND 演算回路

実習 1　次の手順にしたがって回路を組み，NAND 演算動作を確認せよ。

① 前節の実習で接続した赤色 LED，抵抗器，コードをすべて取り除く。

② 実装図を参考に，2 つのタクタイルスイッチをブレッドボードの左端に中央の分離溝をはさむように配置する。このとき左右のタクタイルスイッチを，それぞれ SW1，SW2 とする。

③ 実装図を参考に，IC・74HC00，赤色 LED，緑色 LED を配置する。このとき IC

は向きに注意してブレッドボードの中央の溝をはさむように差し込む。

④ IC の 14 番ピンを 5 V に，7 番ピンを GND に，それぞれ赤色単線コード（1 本）と黒色単線コード（1 本）とを使って接続する。

⑤ 2 つの抵抗器（10 kΩ）の片端をそれぞれ 2 つのタクタイルスイッチの下側左の端子と同じ列の穴に，もう片端をブレッドボードの GND ラインの穴に差し込む。

⑥ 2 つの抵抗器（470 Ω）の片端をそれぞれ 2 つの赤色 LED のカソードと同じ列の穴に，もう片端をブレッドボードの GND ラインの穴に差し込む。

⑦ 2 つのタクタイルスイッチの上側左の端子を 5 V に，赤色の単線コード（2 本）を使って接続する。

⑧ 左側のタクタイルスイッチ SW1 の上側右の端子と，左側の赤色 LED のアノードと同じ列の穴に単線コードを使って接続する。使用する単線コードは信号線であるため，赤色および黒色以外であれば何色を使用しても構わない。

⑨ 同様に右側のタクタイルスイッチ SW2 の上側右の端子と，右側の赤色 LED のアノードと同じ列の穴に単線コードを使って接続する。このとき，回路をわかりやすくするため，SW1 で使用した単線コードとは異なる色のものを使用する。

⑩ 左側の赤色 LED のアノードと同じ列の穴から，NAND の入力 1 番ピンに SW1 から接続するのに使用した単線コードと同じ色の単線コードを使って接続する。

⑪ 同様に右側の赤色 LED のアノードと同じ列の穴から，NAND の入力 2 番ピンに単線コードを使って接続する。

⑫ NAND の出力 3 番ピンと緑色 LED のアノードとを単線コードを使って接続する。

⑬ 抵抗器（470 Ω）の片端を緑色 LED のカソードと同じ列の穴に，もう片端をブレッドボードの GND ラインの穴に差し込む。

⑭ Arduino UNO とパソコンとを USB ケーブルで接続し，ブレッドボードに通電させる。この状態では，IC への入力信号は 2 つとも 0（Low）であるため赤色 LED は消灯したままであるのに対して，NAND 演算結果は 1（High）となるため緑色 LED は点灯するはずである。

⑮ 2 つのタクタイルスイッチを操作し，入力信号に応じた出力信号が出力されていることを，赤色 LED，緑色 LED の点灯状態を見て確認する。

3.3 実習：AND 演算回路の作製

NAND 論理ゲートはその完全性により，NOT，AND，OR，XOR などの基本論理回路を NAND 論理ゲート使用して作ることができる。例えば，同じ入力信号を NAND 論理ゲートに入力すると，その出力は入力信号を反転した信号となり，NOT 演算と等価な演算が実現できる。この実習では，このことを利用して NAND 論理ゲート使用して AND 演算回路

を作製する。すなわち，NAND 演算結果の出力に対して NOT 演算を行うことで，AND 演算を実現する。

AND 演算回路の回路図を図 2.10 (a) に，ブレッドボード上に実装した図を図 2.10 (b) に示す。本回路は，前節の NAND 演算回路の論理演算部分を AND 演算に変更することで作製する。

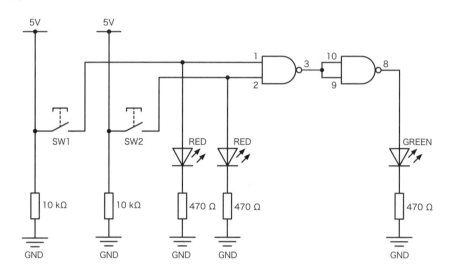

(a) 回路図

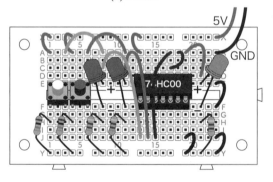

(b) 実装図

図 2.10　AND 演算回路

3　IC（74HC00）を用いた NAND 演算回路　　*23*

実習 1　次の手順にしたがって回路を組み，AND 演算動作を確認せよ。

① 前節の実習で作製した NAND 演算回路の出力に対して NOT 演算を行うため，NAND の出力 3 番ピンから緑色 LED のアノードに接続されている単線コードの緑色 LED 側を，NAND の入力 10 番ピンに接続する。

② NAND の入力 10 番ピンと同じ列の穴から，NAND の入力 9 番ピンに同じ色の単線コードを使って接続することで，同じ入力信号を NAND 論理ゲートに入力する。

③ NAND の出力 8 番ピンと緑色 LED のアノードとを単線コードを使って接続する。

④ Arduino UNO とパソコンとを USB ケーブルで接続し，ブレッドボードに通電させる。この状態では，IC への入力信号は 2 つとも 0（Low）であり，AND 演算結果も 0（Low）であるため，赤色 LED，および緑色 LED は消灯している。

⑤ 2 つのタクタイルスイッチを操作し，入力信号に応じた出力信号が出力されていることを，赤色 LED，緑色 LED の点灯状態を見て確認する。

第 3 章

モータ制御回路の作製

- この実習の内容
  - IC を用いてモータを動かす（順転，逆転，停止）。
  - Arduino UNO でモータを制御する。

- 使用する電子部品，工具等

	数量等		数量等
ブレッドボード	1	タクタイルスイッチ	2
Arduino UNO	1	IC（TA7291P）	1
LED（赤）	2	単線コード（赤）	
ピンヘッダ（3 pin）	2	単線コード（黒）	
抵抗器（470 Ω，1/4W）	2	単線コード（青，黄，緑）	
抵抗器（10 kΩ，1/4W）	2	直流モータ（3 V）	1
抵抗器（33 kΩ，1/4 W）	1	電池ボックス	1
電池スナップ	1	単三乾電池	3
テスタ		ワイヤストリッパ	
ニッパ		ラジオペンチ	

1 この実習について

　論理ICを用いたモータの制御を行い，基本的なモータの制御方法および注意点を学ぶ。また，テスタを用いて，適切な電圧が出力されているかを確認しながら回路を作製することで，安全確認を意識したものづくりを実践する。

　本実習で最終的に作製する回路は，Arduino UNOを用いて任意のタイミングで，モータを順転，逆転，停止させるモータ制御回路である。しかしながら，最初から最終的な回路を作製すると不具合が生じたときに，ハードウェア（回路）に問題があるのか，あるいはソフトウェア（プログラム）に問題があるのかなど，その原因の特定が困難になる。そのため，まず，モータ制御ICを用いて回路を作製する。このとき，入力信号はタクタイルスイッチにより手動で入力する。次に，Arduino UNOにプログラムを入力し，制御信号をモータ制御回路をつなぐことで，任意のタイミングでモータを制御する。

2 直流モータをICで制御する

　直流モータは，端子の電圧の方向を替えることにより回転の方向が反転する。また端子間をショートさせると，モータ回転時は発電状態となりブレーキがかかる。

　モータのような駆動系は，コンピュータ等の制御系に比べて大きな電力が必要であり，Arduino UNOや論理ICではモータを直接制御することができない。そのためモータの駆動制御のためには，ある程度電流の流せるトランジスタあるいはモータ駆動のためのICが必要となる。また，モータは負荷により電圧が変動しやすい。電圧の変動はコンピュータの誤作動につながるため，駆動系と制御系の電源は別にした方が望ましい。

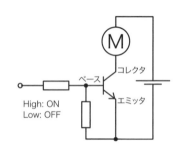

図3.1　トランジスタによるモータ制御

2.1 この実習の主役

1) モータ制御IC：TA7291P

　最も基本的なモータ制御は，図3.1に示すトランジスタによるON/OFF制御である。トランジスタのベースに電圧をかける（入力をHighにする）と，エミッタ – コレクタ間に電流が流れモータは回転し，電圧を0Vにする（入力をLowにする）とモータは停止する。

　モータ制御用IC，TA7291Pは図3.2に示すような10ピンのICで，トランジスタのON/OFF制御を4個組み合わせたHブリッジと呼ばれる回路が組み込まれている（30ページのコラム参照）。表3.1のように，2つの入力ピンIN1，IN2の信号を切り替えることにより，出力ピンOUT1，OUT2が切り替わり，モータの順転，逆転，およびブレーキをかけることができる（順転・逆転の向きについては図3.3参照）。Vccにはデジタル回路用の5V

を，Vs および Vref にはモータ駆動用の電圧（ここでは乾電池 3 本の 4.5 V）を加える。

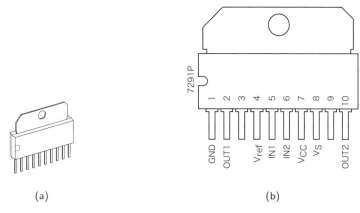

図 3.2　モータ制御 IC TA7291P

表 3.1　TA7291P によるモータの制御

入力		出力		
IN1	IN2	OUT1	OUT2	動作
Low	Low	∞	∞	自然停止
Low	High	Low	High	順転
High	Low	High	Low	逆転
High	High	Low	Low	ブレーキ

∞ は絶縁状態を表す。

図 3.3　モータの回転方向

2.2　実習：モータを 2 つのスイッチで制御する

2 つのタクタイルスイッチ（押しボタン）によってモータを制御するための回路図を図 3.4 に示す。スイッチを押したときに 1（High・5 V）がモータ制御用 IC へ入力されるようにしてある。2 つのスイッチの状態の組み合わせにより，自然停止，順転，逆転，ブレーキとなる。

実習 1　次の手順にしたがってモータ制御回路を組み，モータの動作を確認せよ。

①　回路図（図 3.4）および実装図（図 3.5）にしたがって，ブレッドボード上に 2 つのタクタイルスイッチ（SW1, SW2），IC（TA7291P），2 つの LED（赤 ×4）を配置する。このとき左右のタクタイルスイッチを，それぞれ SW1, SW2 とする。また，IC の向き，LED の極性に注意する。

②　IC に赤色コードで 5 V ラインと黒色の単線コードで GND ラインを接続する。

③　2 つの抵抗器（10 kΩ）の片端をそれぞれ 2 つのタクタイルスイッチの下側左の端子と同じ列の穴に，もう片端をブレッドボードの GND ラインの穴に差し込む。

28   第 3 章　モータ制御回路の作製

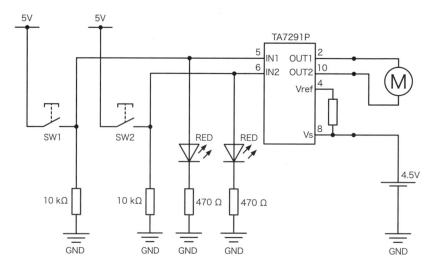

図 3.4　モータ制御回路 1（押しボタン式）

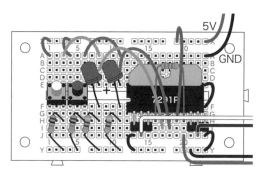

図 3.5　モータ制御回路 1 実装図

④ 2 つの抵抗器（470 Ω）の片端をそれぞれ 2 つの赤色 LED のカソードと同じ列の穴に，もう片端をブレッドボードの GND ラインの穴に差し込む。

⑤ 2 つのタクタイルスイッチの上側左の端子を 5 V に，赤色の単線コードを使って接続する。

⑥ 左側のタクタイルスイッチ SW1 の上側右の端子と，左側の赤色 LED のアノードと同じ列の穴に単線コードを使って接続する。

⑦ 同様に右側のタクタイルスイッチ SW2 の上側右の端子と，右側の赤色 LED のアノードと同じ列の穴に単線コードを使って接続する。

⑧ 左側の赤色 LED のアノードと同じ列の穴から，TA7291P の IN1（5 番ピン）に単線コードを使って接続する。

⑨ 同様に右側の赤色 LED のアノードと同じ列の穴から，TA7291P の IN2（6 番ピン）に単線コードを使って接続する。

⑩ 2 つのピンヘッダを，それぞれ左端を TA7291P の 1 番ピン，9 番ピンに合わせて配置する。

⑪ TA7291P の Vref, Vs（4 番ピン，8 番ピン）を抵抗器（33 kΩ）を介して接続する。

⑫ Arduino UNO とパソコンとを USB ケーブルで接続し，ブレッドボードに通電させる。

⑬ 2 つのタクタイルスイッチ（SW1, SW2）のオン／オフに応じて，2 つの LED が適切に点灯，消灯することを確認する。

⑭ TA7291P の 8 番ピンに電池スナップの赤色のコードを，GND ラインに黒色のコードをつなぎ，タクタイルスイッチ（SW1, SW2）のオン／オフ 4 通りについて，モータ出力 OUT1, OUT2 の電圧をテスタで測定し，適切な電圧が出力されていることを確認する（測定棒黒を GND へ，測定棒赤を OUT1, OUT2 の各ピンヘッダに接触させ，それぞれ測定する）。

⑮ モータコードを，OUT1, OUT2 へ接続する。

⑯ タクタイルスイッチ（SW1, SW2）のオン／オフに応じてモータが順転，逆転，ブレーキ（停止）等の動作を行うことを確認する。

column：**Hブリッジ回路の仕組み**

モータ制御用IC・TA7291Pには，下図のようにトランジスタ4つがアルファベットのHの形に接続された回路（Hブリッジ回路）が組み込まれている。これらのトランジスタのON/OFFの組み合わせでモータに流れる電流を制御する。図(a)のようにTr_1とTr_4をON，Tr_2とTr_3をOFFにすると，モータには右から左へ電流が流れる。これらのトランジスタのON/OFFを逆転させると，図(b)のようにモータに流れる電流が逆転する。一方，Tr_1とTr_2をOFF，Tr_3とTr_4をONにすると，モータの両端がショートの状態になりブレーキがかかる。また，すべてのトランジスタがOFFになると（図(d)），モータは絶縁状態となり，モータには駆動力・制動力は働かず，摩擦により自然に停止する。

各トランジスタにつけられているダイオードは，スイッチの切り替えの際に生じる，モータからの大きな誘導起電力によってトランジスタが破壊されるのを防ぐためである。（スイッチなどによりモータ内のコイルに流れる電流が変化したとき，その変化を妨げる方向に起電力が発生する）

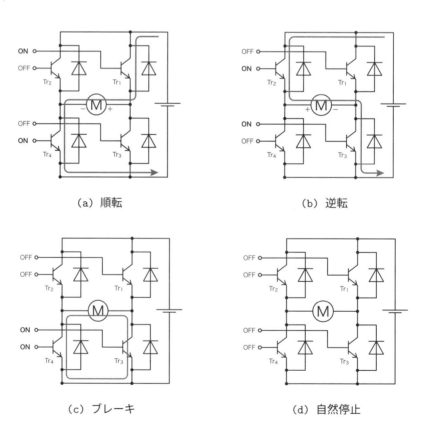

(a) 順転　　(b) 逆転

(c) ブレーキ　　(d) 自然停止

2 直流モータを IC で制御する　*31*

演習 3.7 （H ブリッジ IC の内部論理回路）

(1) IC TA7291P の入力 IN1, IN2 に対して，期待通りの出力（表 3.1）が得られるように，H ブリッジのトランジスタ Tr_1〜Tr_4 へ 4 通りの入力を与えたい。IN1, IN2 を入力したとき，Tr_1〜Tr_4 が出力となるような論理回路を組め。

IN1	IN2	Tr_1	Tr_2	Tr_3	Tr_4	動作
0	0	0	0	0	0	停止
0	1	1	0	0	1	順転
1	0	0	1	1	0	逆転
1	1	0	0	1	1	制動

(2) H ブリッジ回路で，Tr_1, Tr_3 が同時に ON，もしくは Tr_2, Tr_4 が同時に ON になった場合はどうなるか。

2.3　実習：モータの動きを Arduino UNO で制御する

図 3.6 は Arduino UNO のデジタル出力ピンからの信号でモータを制御する回路である。前節の回路の 2 つのタクタイルスイッチ（SW1, SW2）のオン／オフで入力していた制御信号を，Arduino UNO を用いて周期的に入力することで，その入力信号に応じてモータが順転・逆転・停止等の動作を行う。

制御信号入力のためのスケッチをリスト 3.1 に示す。このプログラムでは，Arduino UNO のデジタル出力ピンの電圧を 10 番ピンでは 1 秒間隔で，11 番ピンでは 2 秒間隔で，High（5 V）または Low（0 V）の電圧を交互に出力させている。

setup 関数では，pinMode 関数を用いて，Arduino UNO の 10 番ピン，11 番ピンを OUTPUT に設定している。loop 関数では，まず，実行中のプログラムがスタートしてからの経過時間（単位：ミリ秒）を millis 関数を用いて取得し，変数 time に代入している。digitalWrite 関数を用いて，10 番ピンおよび 11 番ピンに High（5 V）または Low（0 V）の電圧を出力している。ここでは 9 行目の digitalWrite 関数について概説する。digitalWrite 関数の一つ目の引数は出力するピン番号を示しており，ここでは 10 であるので 10 番ピンとなる。digitalWrite 関数の二つ目の引数は出力ピンからの電圧を示しており，ここでは millis 関数を用いて取得した変数 time の値を用いて，`time / 1000 % 2` のように決定している[1]。ここで演算子「`/`」および「`%`」はそれぞれ商と余りを求める演算子である。すなわち変数 time を 1000 で割った商（小数点以下切り捨て）を求め，さらに 2 で割った余りを引数としている。変数 time の値は 1 ミリ秒ごとに変化するが，その値を 1000 で割った商は 1 秒ごとに変化する。この値を 2 で割った余りは，1000 で割った商が偶数のときは 0

---

[1] digitalWrite 関数では `HIGH` または `LOW` で出力値を記述することが多いが，Arduino 言語では `HIGH` は 1，`LOW` は 0 と定義されているため，何らかの演算結果を出力値として記述することも可能である。

となり，奇数のときは 1 となる．そのため digitalWrite 関数の引数は 1 秒ごとに，0，1 を繰り返す．以上により，Arduino UNO の 10 番ピンの電圧出力は Low（0 V），High（5 V）を 1 秒間隔で出力する．同様に 10 行目の digitalWrite 関数では，Arduino UNO の 11 番ピンの電圧出力は Low（0 V），High（5 V）を 2 秒間隔で出力させている．

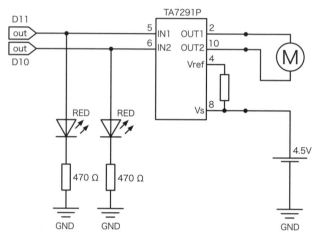

図 3.6　モータ制御回路 2

```
1  void setup() {
2    pinMode(10, OUTPUT);
3    pinMode(11, OUTPUT);
4  }
5
6  void loop() {
7    unsigned long time = millis();
8
9    digitalWrite(10, time / 1000 % 2);
10   digitalWrite(11, time / 2000 % 2);
11 }
```

リスト 3.1　Arduino UNO を用いたモータ制御（MotorArduino.ino）

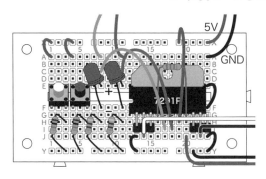

図 3.7　モータ制御回路 2 実装図（Arduino 式）

実習　次の手順にしたがって Arduino UNO で制御するモータ駆動回路を組み，モータの動作を確認せよ。

① Arduion UNO から USB ケーブルを抜き，ブレッドボードの電源を切る。

② 左側のタクタイルスイッチ SW1 の上側右の端子と，左側の赤色 LED のアノードとを接続している単線コードをはずす。

③ 同様に右側のタクタイルスイッチ SW2 の上側右の端子と，右側の赤色 LED のアノードとを接続している単線コードをはずす。

④ 左側の赤色 LED のアノードと同じ列の穴から，Arduino UNO の 11 番ピンに単線コードを使って接続する。

⑤ 同様に右側の赤色 LED のアノードと同じ列の穴から，Arduino UNO の 10 番ピンに単線コードを使って接続する。

⑥ Arduino UNO とパソコンとを USB ケーブルで接続する。

⑦ リスト 3.1 を入力し，Arduino UNO に書き込む。

⑧ プログラムが実行されると 2 つの LED が点滅し，その組み合わせに応じてモータが順転，逆転，ブレーキ（停止）等の動作を行うことを確認する。

第II部

プログラミング実習

第 1 章

Arduino UNO R4

1 Arduino UNO について

1.1 マイクロコントローラについて

　マイクロコントローラ（マイコン）とは，一般的にサイズが小さく低価格であり，コンピュータとして動作する最低限の回路を収めたチップのことである。身近なコンピュータとしては，パーソナルコンピュータ（パソコン）が挙げられる。パソコンでは，その機能上重要な役割を担う CPU，メモリ，ハードディスクは，それぞれが別部品として提供されているが，マイコンではそれらが同一チップ内に収められている場合がほとんどである。そのため，少しの外付け部品を追加するだけ（＝低コスト）でコンピュータとして動作させることができる。パソコンでは，音楽を聴きながらワープロソフトを立ち上げキーボードで文字を入力することができるが，マイコンを使って同じことをするのは非常に困難である。パソコンは元々汎用的に使うことを目的に設計されているのに対し，マイコンは，特定の用途に特化して使われる場合がほとんどである。パソコンは高機能である反面，高コストであるが，マイコンは機能的にはパソコンに劣るが，特定の用途に特化することでその弱点を補い，低コストであるメリットを活用して家電製品や工業製品に使われている。

1.2 Arduino UNO R4 基板の概要

　マイクロコントローラ（Renesas RA4M1）と周辺回路を 1 つの基板にまとめたものが Arduino UNO R4 である（図 1.1）。

　Arduino UNO は，基板製作に必要な情報がすべて公開されているオープンソースのハードウェアである。ウェブサイトに公開されている Arduino UNO R4 の主な仕様を表 1.1 に示す。

1.3 Arduino UNO でプログラムを作成するとは

　マイクロコントローラ RA4M1 の内部では，メモリ間のデータの移動，データの比較，データの演算が行われている。これらの処理を組み合わせることで，「演算」「時間計測」「電圧の入出力」をおこなうことができる。Arduino UNO には，この「演算」「時間計測」

第1章　Arduino UNO R4

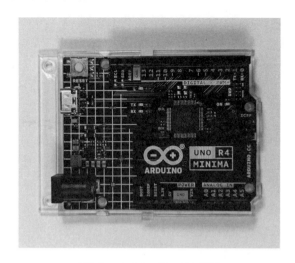

図 1.1　Arduino Uno R4 基板

表 1.1　Arduino UNO R4

項目	仕様
マイクロコントローラ	Renesas RA4M1
クロックスピード	48 MHz
メモリ	flash 256 kB, RAM 32 kB
デジタル I/O ピン	14 本
アナログ入力ピン	6 本
電源	5 V（入力電圧範囲：6〜24 V）

「電圧の入出力」の機能を提供する命令が準備されており，プログラム作成時には，これらの命令を使用する。

　Arduino UNO でプログラムを作成するとは，「演算」「時間計測」「電圧の入出力」の3つの機能を提供する命令と，プログラムの構造を決める制御文を組み合わせて，いつ，どのような場合に3つの機能を実行するのかを記述する作業になる。なお，プログラムの構造を制御構造といい，順次構造，反復構造，選択構造の3つの構造がある。

　以下に，3つの機能である「演算」「時間計測」「電圧の入出力」を提供する命令の一部を紹介する。

- 演算

　演算を行うのは，マイコン内部の ALU（Arithmetic Logic Unit：算術論理演算器）である。ALU は，AND, OR, NOT 等の論理ゲートを使った組み合わせ回路からなり，論理ゲート自身は，抵抗，ダイオード，トランジスタから構成されている。個々の論理ゲートは，論理積，論理和といった論理演算はできるが算術演算はできない。しかし，複数の論理ゲートを組み合わせることで，算術演算をおこなうことが可能と

なる。加算器は，論理ゲートを組み合わせた算術演算（加算）の一例であり，ALU において重要な役割を担う基本回路である。プログラム内で使用できる命令には，算術演算，関係演算，論理演算，ビット演算，シフト演算などの働きを持つ演算子がある。

- 時間計測

マイコン内で行われる動作のタイミングは，矩形波の周期信号であるクロックによって決まる。Arduino UNO R4 の場合，周波数 48 MHz のクロックを使用しているので，クロックの 1 周期は $1/48 \times 10^{-6} \simeq 20.8$ ns となる。クロックは，マイコンの動作タイミングを決めるだけではなく，時間間隔の計測にも使われる。クロックは，連続したクロックパルスの信号であり，Arduino UNO R4 の場合は，1 つのクロックパルスが入力されて，次のクロックパルスが入力されるまでの時間は 20.8 ns となる。このクロックパルスの数をカウントすることで，時間間隔を計測することができる。Arduino 言語の関数のうち時間を取り扱うものとしては，millis 関数，micros 関数，delay 関数，delayMicroseconds 関数があるが，どの関数も内部でクロックパルスをカウントする処理を行っている。なお，millis 関数と micros 関数は，Arduino の電源が ON になってからの時間を知ることができる関数であり，delay 関数，delayMicroseconds 関数は，処理を一定時間停止する関数である。millis 関数と micros 関数は，計測できる時間の限界があり，millis 関数は約 50 日，micros 関数は約 70 分を経過すると，0 に戻ってしまう。その他には，タイマーを利用した指定した時間ごとに処理をおこなう機能も存在する。クロックパルスをカウントする方法では，時間の経過を計測することができるが，現在の時刻を認識することはできない。毎日決まった時刻に動作を行いたい，タイムスタンプを付けてセンサの値を保存したい等，実時間を使った処理を行う場合，RTC（Real Time Clock）と呼ばれる内蔵回路を利用する。

- 電圧の入出力

マイコンには，電圧を入出力する働きを持つ I/O ピン（Input/Output ピン）があり，Arduino UNO R4 の場合は，20 本の I/O ピンが搭載されている。電圧の入出力は，取り扱う電圧の形式によって，デジタル入出力とアナログ入出力に区別される。デジタル入出力は，電圧が High–Low の 2 つの状態を取り扱う方式となり，I/O ピンから電圧を出力することをデジタル出力，I/O ピンに加わっている電圧を読み取ることをデジタル入力という。Arduino UNO R4 の場合，具体的には High の電圧は 5 V，Low の電圧は 0 V になる。電気系の分野では，アナログとは連続的な物理量を指す言葉になり，Arduino UNO のアナログ入出力は，連続した電圧値を取り扱う方式になる。ただし，Arduino UNO 内部では，電圧を High–Low の 2 状態を用いて処理するデジタル回路が使われているため，直接連続した値を取り扱うことはできず，内蔵回路（A/D 変換器，D/A 変換器）および PWM という疑似的な電圧出力方式を

40   第 1 章   Arduino UNO R4

利用することで，アナログ入出力を実現している。Arduino 言語には，デジタル入
出力の働きを持つ関数（digitalRead 関数，digitalWrite 関数）とアナログ入出力の
働きを持つ関数（analogRead 関数，analogWrite 関数等）が準備されている。電圧
の入出力を行う場合は，入力か出力かと，デジタル方式かアナログ方式かの 2 つ要
素を考えて適切な命令を使用する必要がある。

次に，順次構造，反復構造，選択構造の 3 つの制御構造を紹介する。

- 順次構造

  プログラムは，基本的には記述された順番に実行される。このような個々の処理が 1
  行ずつ順番に実行される構造を順次構造という。

- 反復構造

  同じ動作を複数回実行させたいなど，反復処理をおこなう場合に使用する。反復構
  造の構文には，for 文，while 文，do – while 文がある。

- 選択構造

  選択構造は，条件の真偽により，異なる処理を実行することができる。選択構造の
  構文には，if 文と switch 文がある。

2   Arduino IDE について

Arduino IDE とは，Arduino などのマイコンボード用のプログラムを開発するためのソ
フトウェアである。Arduino UNO R4 Minima のプログラムは C/C++をベースとした言
語（Arduino 言語 [1]）で記述される。このプログラムを実行するためには，機械語にコン
パイルした後，Arduino UNO に書き込む必要がある。この一連の流れをサポートしてく
れるソフトウェアが統合開発環境（IDE：Integrated Development Environment）であり，
Arduino 公式の統合開発環境が Arduino IDE である。

2.1   Arduino IDE のインストール

Arduino IDE は Arduino の公式ウェブサイトからダウンロードできる。Web ブラウザで，
Arduino の公式ウェブサイト（https://www.arduino.cc）にアクセスし，ウェブサイトの上
部にあるメニューから「SOFTWARE」をクリックする。Arduino IDE Arduino IDE 2.3.4
（執筆時点のバージョン）セクションの「DOWNLOAD OPTIONS」から使用しているオペ
レーティングシステム（Windows，macOS など）に対応したバージョンをクリックする。
ほとんどの場合では，「**Windows** Win 10 and newer, 64 bits」，または「**macOS** Apple
Silicon, 11: "Big Sur" or newer, 64 bits」を選択すれば良い。ダウンロードボタンをクリッ
クすると，寄付を求めるページが表示される。寄付をしない場合は「JUST DOWNLOAD」
をクリックする。次に，ニュースレターへの参加を求めるページが表示される。購読しな
い場合は「JUST DOWNLOAD」をクリックする。Windows の場合は「.exe」ファイル，

macOS の場合は「.dmg」ファイルがダウンロードされる。ただし，拡張子を非表示に設定している場合はファイル名のみが表示される。ダウンロードが完了したらインストール作業を行う。

1) Windows

　Windows PC に Aruduino IDE をインストールするには，ダウンロードしたファイルを実行する。インストーラーが起動したら指示に従いインストールを行う。図 1.2 に Aruduino IDE のインストーラーの指示の流れを示す。このとき，警告画面が表示された場合は，「イ

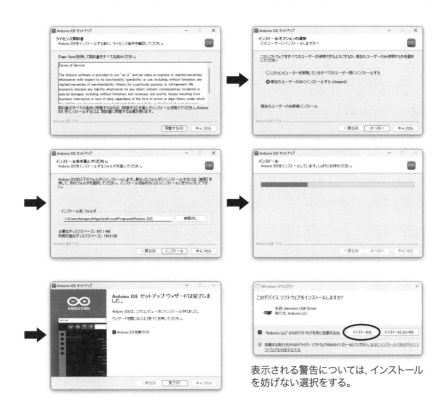

図 1.2　Arduino IDE のインストール（Windows）

ンストールする」「はい」などインストールを妨げない選択をする。

2) macOS

　Mac に Aruduino IDE をインストールするには，ダウンロードしたディスクイメージを展開し，Aruduino IDE の実行ファイルをアプリケーションフォルダにコピーする。図 1.3 に展開したディスクイメージを示す。ディスクイメージの中の Aruduino IDE の実行ファイル（Arduino IDE.app）を，アプリケーションフォルダのエイリアス（Applications）にドラッグ＆ドロップすることでコピーが実行される。

42　第 1 章　Arduino UNO R4

図 1.3　Arduino IDE のインストール（macOS）

2.2　Arduino IDE の使用方法

　図 1.4 の Arduino IDE アイコンをクリックすると，Arduino IDE ウィンドウが開きプログラムの入力が可能となる。プログラムを入力するエディタには，「void setup()」と「void loop()」の文字が表示されている。これらは関数と呼ばれる処理のまとまりを表している。Arduino 言語では，setup 関数と loop 関数という 2 つの関数が準備されており，setup 関数は 1 度だけ実行したい命令を記述し，loop 関数は繰り返し実行したい命令を記述する。すなわちプログラムを実行すると，最初に setup 関数が一度だけ実行され，その後 loop 関数が繰り返し実行されることになる。一般的に Arduino のプログラムでは，setup 関数はその名前の通り主に準備や設定に関係する処理が記述され，loop 関数にはプログラムの本体部分が記述されることになる。

図 1.4　Arduino IDE

　完成したプログラムはツールバー上のボタンをクリックすることで，プログラムの検証（Verify）や Arduino への書き込み（Upload）ができる。検証（①）は，プログラムの文法チェックを行い，何か問題がある場合にはコンソール画面にエラーメッセージが表示されるので修正する。プログラムの検証を行った後，問題がなければ Arduino にプログラムを書き込む。②の書き込みボタンは，プログラムの検証と Arduino への書き込みを順番に行

うことができる。特別な理由がない場合は，この②を使用すると便利である。

　新規にプログラムを作成する場合，「ファイル」メニューから「新規」を選択すると新たな Arduino IDE ウィンドウが開く。「ファイル」メニューから「開く...」を選択すると，パソコンに保存されているプログラムを開くことができる。「ファイル」メニューから「保存」を選択すると，ファイルの保存ができる。新規に作成したファイルでは通常，ウィンドウを閉じる際にプログラムを保存するか確認されるので，「Save As...」ボタンをクリックして名前を付けて保存することができる。このときファイル名にはプログラムの内容がわかる名前を付ける。デフォルトでは自動保存する設定となっているため，名前の付いているファイルを編集している場合，編集内容が自動的に保存される。そのため元のファイルを残したい場合は，「ファイル」メニューから「Save As...」を選択し別のファイルとして保存しておく必要がある。

2.3　プログラムの実行順序について

　Arduino は，様々なプログラム言語を利用できるが，実習では，Arduino IDE が標準としている C/C++言語をベースとした Arduino 言語でプログラミングを行う。プログラムの実行順序を理解する際は，関数と個々の処理に分けて考えていく。関数の実行順序は，C言語の規則に従う。C 言語では，プログラムは処理の集合体である関数を基本として管理されており，最初に実行されるのは main 関数となる。Arduino 言語の場合，基本的には C 言語の規則に従うが，main 関数がユーザから隠された状態になっている。リスト 1.1 に main 関数（一部省略）を示す。main 関数内には setup 関数と loop 関数が存在し，プログラムが実行されると，先に setup 関数が実行され，その後 loop 関数が繰り返し実行されることになる。

　次に，個々の処理の実行順序について考える。個々の処理は，基本的には記述された順番に実行される。このような，個々の処理が 1 行ずつ順番に実行される構造を順次構造という。Arduino 言語の場合，プログラムが実行されると setup 関数に記述された処理が上から順番に実行される。setup 関数が実行された後，loop 関数に記述された処理が上から順番に実行される。loop 関数が最後まで実行されると再度 loop 関数が実行されるため，loop 関数の先頭に戻って同じ動作を繰り返すことになる。個々の処理の実行順序は順次構造が基本であるが，複雑な処理は，反復構造や選択構造が利用される。すべての処理の実行順序は，割り込み等の例外を除くと，順次構造，反復構造，選択構造のどれかに当てはまる。これら 3 つの構造を利用する場合は，それぞれに対応する専用の制御構造を使う。

```
1  int main(void)
2  {
3    init();
4
```

44   第 1 章   Arduino UNO R4

```
5    initVariant();

6

7  #if defined(USBCON)
8    USBDevice.attach();
9  #endif

10

11   setup();

12

13   for (;;) {
14     loop();
15     if (serialEventRun) serialEventRun();
16   }

17

18   return 0;
19 }
```

リスト 1.1   Arduino の main 関数

2.4 シリアルモニタ

Arduino IDE には，PC – Arduino 間でシリアル通信をおこなうシリアルモニタが準備されている。シリアルモニタは，Arduino IDE でプログラムを作成するときに不可欠なツールである。デバッグツールとして使用したり，Arduino UNO と直接通信して，センサの値を読み取ったりできる。シリアルモニタはコンソールログが配置されている場所，追加のタブとして表示される。

1) 文字列データの送信

シリアル通信を行い，Arduino から PC に情報を送る。文字列データ「ABC」と「DEF」を送信するプログラムをリスト 1.2 に示す。

```
1  void setup() {
2    Serial.begin(9600);
3  }

4

5  void loop() {
6    Serial.print("ABC");
7    Serial.println("DEF");
8  }
```

リスト 1.2   シリアルモニタに文字を表示させる（SerialPrintChar.ino）

【習得すること：プログラム】
- Serial.begin 関数　　使い方：`Serial.begin(通信速度);`
  Serial.begin 関数は，シリアル通信の通信速度を設定する関数である。
- Serial.print 関数と Serial.println 関数　　使い方：`Serial.print("文字列");`
  シリアル通信を使って，文字データを送信する関数である。送信される文字データは，アスキーコードになる。Serial.println 関数は，指定した文字に加えて LF（line feed：改行）のアスキーコードを送信する。

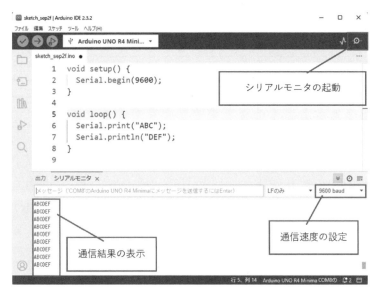

図 1.5　シリアルモニタの起動と結果の確認

シリアル通信を使い，Arduino からパソコンへ文字列を送信し，シリアルモニタに文字を表示している。アップロードが完了したら，Arduino IDE 右上のシリアルモニタボタン（虫眼鏡のアイコン）をクリックする。図 1.5 にシリアルモニタが起動した状態の Arduino IDE のスクリーンショットを示す。Arduino IDE の下部にあるシリアルモニタに「`ABCDEF`」の文字が表示され，改行された後，再び「`ABCDEF`」と表示され続ける。

シリアル通信を使用するためには，まず通信速度の設定が必要である。リスト 1.2 の 2 行目で，Serial.begin 関数を使用して通信速度を設定している。ここでは，通信速度を 9600 bps（bit per second：1 秒あたりの転送 bit 数）に指定している。

6 行目の `Serial.print("ABC");` では，「`A`」「`B`」「`C`」のそれぞれの文字に対応するアスキーコードが送信される。7 行目では，「`DEF`」の文字に対応するアスキーコードに加えて，改行（LF：line feed）のアスキーコードを送信している。LF のアスキーコードは 0x0A になる（0x は 16 進数を表すための接頭辞）。

2) 数値や変数の送信

次にシリアル通信を行い，数値や変数のデータを送信する。

46   第 1 章   Arduino UNO R4

```
1   int num = 456;
2
3   void setup() {
4     Serial.begin(9600);
5   }
6
7   void loop() {
8     Serial.print(123);
9     Serial.println(num);
10  }
```

リスト 1.3   数値と変数の送信（SerialPrintNum.ino）

【習得すること：プログラム】

- Serial.print 関数   使い方：Serial.print(**数値や変数名**);
  Serial.print 関数を使用して数値や変数を送信する場合にはダブルクォーテーション（" "）を使用せず，Serial.print 関数の括弧の中に直接，値や変数名を入力する。

  リスト 1.3 では 8 行目の Serial.print 関数で数値の 123 を表示し，次に 9 行目の Serial.println 関数（改行あり）を使い変数 num の値を表示している。変数 num には 456 という値が代入されているため，数値の「123」の後に，変数 num の値「456」を表示して改行される。結果としてシリアルモニタでは，「123456」の文字が表示され，改行された後，再び「123456」と表示され続ける。

第2章

電圧出力の基礎（電圧出力と時間制御）

- 目標：
  - マイコンの電圧出力について知り必要な関数を使用できるようになる
  - プログラムの制御構造（順次構造，反復構造，選択構造）を認識できるように
    なる
  - 変数や定数の概念と使い方を知る
- 実習内容：
  - LED と圧電スピーカの制御

1　はじめに

　プログラミングとは，主に人間がコンピュータに対する指示を記述することである。そして，その指示のことをプログラムという。プログラミングを行う場合には，一般的に人間が解釈できるようにプログラミング言語と呼ばれる言語を用いてソースコードを作成しコンピュータに対する指示を送る。この実習で使用する Arduino では C/C++言語をベースとした Arduino 言語でプログラムを記述する（Arduino のプログラムはスケッチと呼ばれる）。Arduino にはマイクロコントローラと呼ばれる IC が搭載されており，送信されたプログラムはマイクロコントローラの中で処理されることになる。マイクロコントローラとは中央処理装置とメモリ，クロックなどコンピュータとして最低限必要な機能を1チップの IC に収めたものであり，略してマイコンと呼ばれる。実習で使用する Arduino UNO R4 はマイコンボードと呼ばれ，搭載されるマイコン（Renesas RA4M1）に加えてマイコンを動作するために必要な電源回路や通信回路をすべて収めた1枚の基板になっている。実はマイコンやコンピュータ自体は直接プログラミング言語を解釈できないため，プログラミングで記述した内容を0と1の羅列からなる機械語という形に変換する必要がある。私たちがプログラミングで作成したソースコードの内容を機械語に翻訳することをコンパイルといい，コンパイルを行うために予め用意されたプログラムのことをコンパイラと呼ぶ。Arduino では C/C++のコンパイラが使用されるため，Arduino におけるプログラムの文法は基本的に C/C++のルールに従って記述することになる。C や C++はコンパイラ型言

語と呼ばれる言語であり，コンパイラ型言語では，書いたソースコードはすべて一気にコンパイルされてから実行されるという特徴を持つ．コンパイルの際，ソースコードに1か所でも文法的なエラーがある場合，コンパイルエラーとなる．コンパイルエラーとなった場合，プログラム中のすべてのエラーを解消しない限り機械語に翻訳ができないため，作成したソースコードを再度チェックし，コンパイルが通るようにプログラムを修正する必要がある．コンパイルが完了したプログラムは，リンカと呼ばれる別のプログラムの働きによって，コンパイラによって生成されたオブジェクトファイルと必要なライブラリをリンクして，ようやくコンピュータ上で実行可能なファイルとなる．そして生成された実行ファイルはUSBケーブルなどを使い，プログラミングを行ったPCからマイコンなどのファイルの実行先に転送される．Arduinoでは，プログラム作成や修正，コンパイル，プログラムの転送までをすべてArduino IDEと呼ばれる統合開発環境（ソフトウェア）を用いて行う．一方でArduinoなどのマイコン側には，USBケーブルから転送されてくるプログラムを受け取ってそれを実行するまでの処理を担う，ファームウェアと呼ばれるプログラムが不揮発性のフラッシュメモリ内に書き込まれている．ファームウェアによって，転送されたプログラムはフラッシュメモリへ書き込まれるが，すでにプログラムが書き込まれている場合には，新しく転送されてきたプログラムを上書きする．そして上書きしたプログラムを，メモリから読み出すことによって作成したプログラムが実行されることになる．Arduinoにおけるプログラムの作成からArduino上でプログラムが実行されるまでの概略図を図2.1に示す．

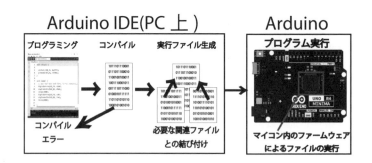

図2.1　プログラム実行までの流れ

プログラミングの際に必要な要素の一つとしてプログラムの流れを正しく理解することが挙げられる．プログラミングによって何か目的の動作を得るためには必要な演算処理や「関数」と呼ばれる断片的な処理機能を提供する命令を使い記述する．更にそれらの処理を「制御構造」と呼ばれるプログラムの骨格を適切に当てはめていくことで，コンピュータに

対してどの順序でどのような条件のときに，記述した処理を実行させるかを指示していくことになる。しかしながら，プログラミングの初学者が最初からプログラムの流れを考えながらソースコードを記述することはハードルが高い場面がある。そこでプログラムの流れを一度図式化させた形に整理した上で，流れに沿ってプログラムを作成することがある。プログラムの流れをわかりやすく図式化して表現する方法としては，一般的に表 2.1 に示すようなフローチャートと呼ばれる流れ図を用いることが多い。

表 2.1　フローチャートの主な例（JIS X 0121 より）

記号	記号の名称	意味
	端子	開始と終了
	処理	関数や演算処理
	判断	条件分岐
	繰り返し開始	繰り返し処理の始まり
	繰り返し終了	繰り返し処理の終わり
	定義済み処理	別の場所で定義された処理
	線	処理の流れ

　プログラミングを行う際の最も重要な要素の一つとして，処理の流れを考えることが挙げられる。プログラムの処理の流れを決定づけるものとしてプログラムの骨格を形成する制御構造を用いる。制御構造は「順次構造」「反復構造」「選択構造」からなり，制御構造を適切に組み合わることでプログラムの様々な流れを形成していくことになる（図 2.2）。この 3 つの制御構造の概念は学習するプログラミング言語に依存することなく提供されるものであり，プログラミング学習を行う上で必ず必要となる。

順次構造　順次構造は最も基本的な制御構造であり上から下に順番にプログラムを実行するという処理の流れである。順次構造を提供するために用意された特別な文法や構文はなく，記述された順番通りに上から下に 1 つずつ処理を実行していくというプログラムの大原則であり基本的な流れ。

反復構造（繰り返し構造）　反復構造とは，ある判定条件が真の間に処理を繰り返し実行する制御構造である。反復構造を提供する構文としては，決められた回数だけ処理を実行する for 文や，条件が真の間繰り返し処理を実行する while 文がある。

選択構造（分岐構造）　選択構造はある判定条件の真偽によって処理を分岐させる制御構

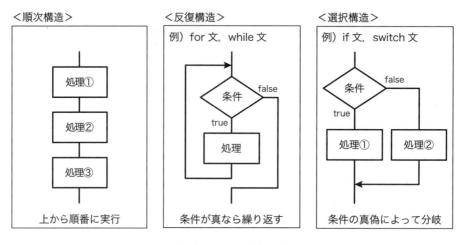

図 2.2　3 つの制御構造

造である．選択構造を提供する構文には if 文や switch 文がある．

2 デジタル出力による LED とスピーカの制御

2.1 準備

プログラミングを通して Arduino ができることには「電圧の入出力」「時間計測」「演算」の 3 つがある．まず，はじめに「電圧の出力」と「時間計測」の機能を使うことで LED の点灯，消灯を制御する．これから Arduino でプログラムの動作を検証するためには，基本的に外部回路を組む必要がある．プログラムが正しい場合でも回路にエラーがある場合は正しく動作しないため作成した回路側にもエラーがないように確認しながら作業する必要がある．回路は Hama ボード製作実習で製作した Hama ボードのブレッドボードに組む．まずは表 2.2 に従い，ガイダンス時に配布された電子部品の中から LED 各色（赤，黄，緑），抵抗器（1 kΩ）を取り出し準備を行う．配線が必要な場合にはワイヤストリッパを用いて単線の切り出しと両端の被覆を 1 cm 程度剥いた単線コード（8 cm × 3 本）も準備しておく．

表 2.2　必要電子部品 1

部品名	数量等
LED（赤）	1
LED（黄）	1
LED（緑）	1
抵抗器（1 kΩ：茶黒赤金）	3
単線コード（緑，8 cm）	3

2.2 Arduino ができること

プログラミングとそれに応じたマイコン内部の処理により Arduino では「演算」「時間計測」「電圧の入出力」を実行することができる。

1) 演算

マイコン内部にある AND（論理積），OR（論理和），NOT（否定）などの論理ゲートを用いることでプログラムの処理で必要となる演算を実現する。プログラム上では実行する演算の種類に応じて演算子と呼ばれる記号を使い分けて表現する。例えば算術演算を行うためには算術演算子があり，加算演算子（+），減算演算子（−），乗算演算子（*），除算演算子（/）などが使用できる。またマイコンなどのコンピュータでは 2 進数のビット単位で演算を行うことから，ビット演算子と呼ばれる演算子がある。ビット演算子としては&（AND），｜（OR），˜（NOT），＾（XOR）がある。その中にはビットデータを動かすために必要なシフト演算子というものも存在する（<<（左シフト），>>（右シフト））。2 進数でシフト演算を行う場合，1 つ左シフトすれば元の値より 2 倍の値となり，1 つ右シフトした場合は元の値より 1/2 倍された値となる。

2) 時間計測

マイコンや PC ではクロックと呼ばれる高周波の周期信号を使い同期を取ることによって処理タイミングの決定や，時間計測の機能を実現している。Arduino UNO R4 Minima に採用されているマイコン（Renesas RA4M1）では，48 MHz の周波数を持つ内部クロックが搭載されている（周期：20.83 ns）。一般的には周波数が高い程，演算の速度や回路に対する伝送回数が増えるためマイコンや PC の処理性能も高いとされる。クロック信号は High（5 V）と Low（0 V）を周期的に繰り返す矩形波で形成され，マイコンは，ある起点から（例えばマイコン内のプログラムが起動してから）クロック信号がいくつ経過したかを数えることによって時間計測を実現している。このような通常のクロックを使用する場合には 2024 年 8 月 1 日 13:24:30 のように現在時刻を取得するような処理はできない。しかし Arduino UNO R4 Minima のマイコン（Renesas RA4M1）には RTC（リアルタイムクロック）が搭載されており，これによって実時間を使った処理も可能となる。RTC を使った身近な例としては炊飯器やお風呂のタイマー機能などが挙げられ，決まった時刻に決まった処理を行う場合などに利用される。

3) 電圧の入出力

電圧の入出力方式にはデジタル入出力とアナログ入出力がある。電圧の形式によってデジタル入出力とアナログ入出力に区別され，デジタル入出力は文字通りデジタル電圧を扱う。デジタル電圧は 2 種類の離散的な情報であり，High（1）か Low（0）で示される。Arduino ではデジタル電圧を出力する際に High（1）は 5 V の電圧を示し，Low（0）の場合には 0 V を示す。デジタル入力の場合には High と Low の境目である閾値以上の電圧が

52   第 2 章   電圧出力の基礎（電圧出力と時間制御）

印加される場合には High（1）と判断され，閾値より小さければ Low（0）として読み取られる。一方でアナログ入出力ではある程度連続的な電圧を取り扱うことができる。Arduino のアナログ出力では基本的に PWM（Pulse With Modulation）方式と呼ばれるアナログ電圧を使用しており，出力可能な 0〜5 V の電圧を 8 ビット（0〜255）に分解して出力することができる。PWM とは一定周期内の High（5 V）と Low（0 V）の信号を高速でスイッチングし High の時間幅の割合を信号として出力する手法である。このとき，一定時間（一定周期の間）は電圧信号を生成する必要があるため，デジタル出力に比べて高速で出力電圧を切り替えることはできない。一方で Arduino UNO R4 Minima には 1 か所だけ DAC（Digital-to-Analog Converter）と呼ばれるデジタル信号をアナログ信号に変換できるアナログ出力回路が搭載されており sin 波のように連続的な電圧を出力することができる。またアナログ入力ではマイコン内部の ADC（Analog-to-Digital Converter）回路と呼ばれる回路の働きによってデフォルトで 0〜5 V までの電圧を 10 bit（0〜1023）に分割した値として扱うことができる。Arduino UNO R4 Minima の場合にはプログラム内で設定を行うことで最大 14 bit までのアナログ入力に対応することができる。アナログ入力の場合にもサンプリング周波数と呼ばれるアナログ電圧をデジタル電圧にサンプリングするための時間を要するため，デジタル入力と比較した場合には，高速での読取りはできない仕様となる。

4) Arduino の I/O ピン

Arduino などのマイコンでは図 2.3 に示すような I/O ピン（Input/Output ピン）と呼ばれるソケットを介して外部回路と接続して電圧の入出力を行う。I/O ピンは外部回路に電圧を出力したり，外部回路からの入力電圧を読み取ったりするインターフェースとなる。表 2.3 で示すように各種の電圧入出力機能をサポートする I/O ピンは予め決められているため使用する機能に応じて適切にピンを選択しなければならない。デジタル入力およびデジタル出力が可能なピンが最も多く Arduino 基板の 0〜13，A0〜A5 とピン番号がシルク印刷されている計 20 本のピンで使用できる。一方で PWM 方式のアナログ出力が可能なピンは基板上に~の記号がシルク印刷されているピンで使用可能である。対象なのは 3，5，6，9，10，11 ピンの計 6 つとなる。アナログ入力についても A0〜A5 までの 6 つのピンで対応している。また Arduino UNO R4 Minima では唯一 A0 ピンだけが DAC（Digital-to-Analog Converter）回路を用いた本格的なアナログ出力ピンとして利用できる。このように電圧は「入力」と「出力」の概念があるため，今後 I/O ピンを回路図で示す際にはそのピンを入力で使用するのか出力で使用するのかを図 2.3 のように区別する。

まとめとして，今後 Arduino で電圧の入出力を適切に扱うためには 2 つのポイントを意識する必要がある。1 つ目は電圧出力か電圧入力なのかを意識することである。電圧の入力か出力かによって使用する命令が異なる。仮に誤ってピンに対して電圧出力の設定を行いながら電圧入力を行うと意図せずに電流が Arduino 内部に流れ込んでしまい Arduino が故障する危険性がある。2 つ目はデジタルなのかアナログを意識することである。アクチュ

エータやセンサによってデジタルあるいはアナログで使用するのかを適切に使い分ける必要がある。適切な電圧の入出力方式を使わないと正しくセンサからの情報を取得できず，アクチュエータを適切に制御できなくなってしまうので注意する必要がある。センサの使用方法などの詳しい情報は書籍やセンサを製造しているメーカが出しているデータシートやマニュアルなどを参考にする必要がある。

表 2.3　電圧入出力の方式と対応ピン

機能	ピン数	対応ピン
デジタル入力／出力	20	0〜13，A0〜A5
アナログ出力（PWM）	6	3，5，6，9，10，11
アナログ入力（ADC）	6	0〜13，A0〜A5
アナログ出力（DAC）	1	A0

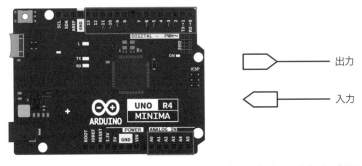

図 2.3　Arduino の I/O ピンの箇所と回路図上の入力ピンと出力ピン表記

2.3　LED 点灯回路の作成

　回路は回路図を見ながら手順に沿って組んでいく。まずは図 2.4 で示す回路図に従って赤 LED の点灯回路を作成する。プログラムで LED を制御するには I/O ピンから電圧を出力する必要がある。まずはデジタル電圧を出力して点灯，消灯を制御する。

回路作成手順：

① ブレッドボード上に電源の配線があるか確認（5 V は赤の配線，GND は黒の配線）
② 赤 LED を取り出し極性に注意してブレッドボードの中央の溝を跨ぐよう配置
③ Arduino の I/O ピンの内 D3 ピンと LED のカソード（+）側に接続する信号線を配線
④ 1 kΩ の抵抗を取り出し，LED のアノード（−）と GND を接続

2.4　プログラム転送までの手順

　作成したプログラムは USB ケーブルを介して PC から Arduino に転送する必要がある。そのための手順を示す。なお，Arduino UNO R4 の USB ソケットは Type-C が採用され

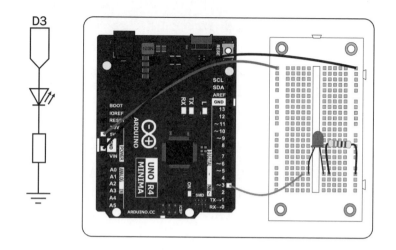

図 2.4　LED 点灯回路の回路図および実装図

ている。

1) PC と Arduino の接続

図 2.5 で示すように USB ケーブルを用いて PC と Arduino を接続する。正しく接続されると Arduino の電源 LED（緑）が点灯する。

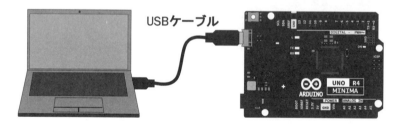

図 2.5　PC と Arduino の接続

2) Arduino IDE の起動およびシリアルポートの選択

次にインストールした Arduino IDE を起動する（アイコンをダブルクリック）。Arduino IDE が起動したら図 2.6 のように，IDE の上部にあるプルダウンマークをクリックし，Arduino が接続されているシリアルポートを選択する。Windows PC を使用する場合には対象のシリアルポートに「Arduino UNO R4 Minima」と表示される。

3) プログラムの作成・編集

setup 関数と loop 関数

　Arduino のプログラムは主に setup 関数（「`void setup() {`」で始まる部分）と loop 関数（「`void loop() {`」で始まる部分）との 2 つの関数と呼ばれるブロックで構成される。

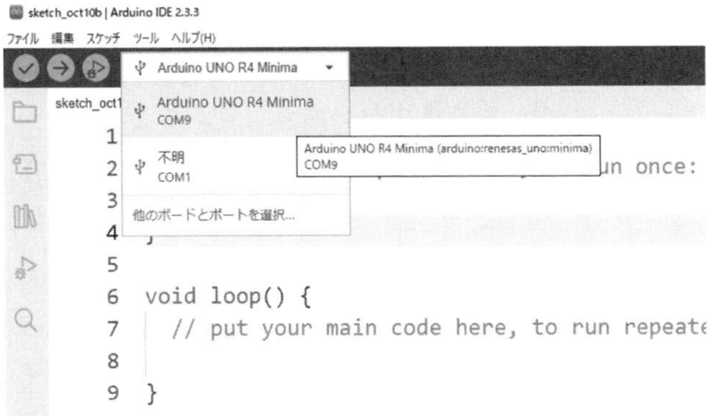

2 デジタル出力によるLEDとスピーカの制御　　55

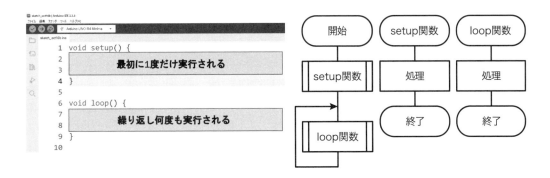

図 2.6　シリアルポートの選択方法

関数とは特定の機能を持ったプログラムの集まりを表すものであり，Arduino 言語ではブロックの始端と終端とはそれぞれ中括弧（{ }）で表される。Arduino のプログラミングでは基本的に 2 つの関数の中括弧で囲まれている中にプログラムを記述していく。では setup 関数と loop 関数が持つ処理の機能について紹介する。setup 関数はプログラムの最初に 1 度だけ実行するという機能を持つ。setup 関数の処理の流れは順次構造に従い，書いた順番に上から下に処理を実行する。一方で loop 関数は setup 関数を実行した後に，繰り返し何度も実行するという機能を持つ。loop 関数中の処理の流れは，setup 関数と同様に順次構造に従い上から下へ順番に処理を実行するが，loop 関数の最後まで処理が実行されると，再び loop 関数が実行され同じ処理を繰り返す。使い分けとしては，setup 関数にはプログラムの最初に 1 度だけ実行されれば良い初期設定や初期動作に必要な処理を記述し，プログラムのメイン処理となる部分は loop 関数の中に記述していく。フローチャートで表すと Arduino におけるプログラムの最も大きな流れは図 2.7 のようになる。

図 2.7　setup 関数と loop 関数

56   第 2 章　電圧出力の基礎（電圧出力と時間制御）

コメント文//について

　Arduino IDE で新規プログラムを立ち上げる[1]と，setup 関数と loop 関数の中にスラッシュ（/）を 2 つ並べた//から始まる英文が記述されていることがわかる（図 2.8）。この英文は setup 関数と loop 関数を説明している英文でありプログラムに影響を与えない。このようにプログラム中に存在する//から始まる 1 行はコメント文と呼ばれ，直接プログラムに影響を与えることはない。そのためコメント文はプログラムに残したままでも，あるいはコメント文を消してしまっても問題はない。ただし//だけを消してしまうと残された英文部分がプログラムとして扱われてしまうのでエラーになってしまう。一般的にコメント文を扱う目的はプログラム中にメモを残しておくためである。プログラムを書いてしばらく時間が経つと自分で書いたプログラムでも，全体的あるいは部分的なプログラムの意味を忘れてしまうことがある。また人にプログラムを見せる時にも処理の内容をメモとして残し説明した方がコードを解釈してもらう上で分かりやすい。そのため必要に応じてプログラム中にコメント文としてメモを残しておき，プログラムの内容を説明する必要がある。//の場合は//から始まる 1 行部分がコメント文として扱われるが，複数行からなるような長いコメント文にしたい場合は，/と*記号を使い，/***コメント文***/という形でコメントにしたい文を囲む必要がある。応用的な使い方として，プログラムにエラーがある場合などに，エラー箇所を特定するためにエラーが疑われる箇所を意図的にコメント扱いにして無効にすることがある。

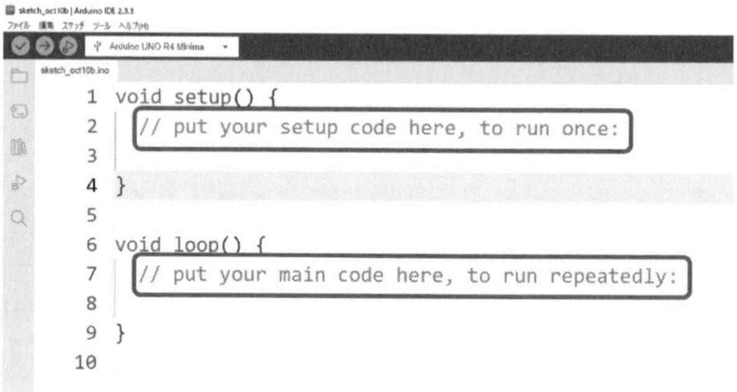

図 2.8　2 つの関数を説明するコメント文

プログラムのルール

　マイコンに指示を与えるため，プログラムを記述して転送する必要があるが，プログラムを直接マイコンで実行することはできない。コンピュータやマイコンは 0 と 1 からなる機械語でしか動作することができないためプログラムはコンパイラと呼ばれる翻訳用のプログラムを通して機械語に変換する必要がある。Arduino の場合は C/C++言語のコンパイラが使用されているため，文法は C/C++のルールに沿って記述していくことになる。ま

---

[1] Arduino IDE の左上のメニューから**ファイル**，**新規スケッチ**の順に選択，あるいは Ctrl キーを押しながら N キーを押す。

ずプログラムを入力する際の初歩的な注意点を 3 つ紹介する。

- プログラムは半角英数字で入力する

  （※ 日本語入力モードは全角文字が入力されるため使用しない）

- プログラムは大文字と小文字を区別する

- 関数（命令）の終わりにはセミコロン（;）を付与する

以上に注意しながら次項のチュートリアルで示すリスト 2.1 の LED の点灯プログラムを作成する。

【チュートリアル：LED の点灯プログラム作成】

LED の点灯と消灯を制御するために，2 種類の関数と呼ばれる命令を使用する。

- pinMode 関数　　　使い方：pinMode(ピン番号，設定);

  指定する I/O ピンに対して出力/入力を設定する。ピンには入力と出力の役割があり，使用時に役割を設定する必要がある。ピンから電圧を出力する場合は，出力（OUTPUT），ピンにかかる電圧を読み取る場合は入力（INPUT）に設定する。pinMode 関数は最初 に 1 度だけ実行すればよいので，setup 関数内に記述する。

- digitalWrite 関数　　　使い方：digitalWrite(ピン番号，状態);

  指定する I/O ピンから電圧 5 V または 0 V の電圧信号を出力する。電源電圧 5 V で動作する Arduino UNO は，「HIGH」を指定すると，電源電圧に等しい電圧（=5 V）がピンから出力される。なお，「LOW」を指定すると，電圧 0 V が出力される。

- OUTPUT, HIGH, LOW など

  プログラム中に，OUTPUT や HIGH，LOW などの関数以外の単語が出現することがある。これらは，別ファイルに定義されているキーワードになり，プログラムがコンパイルされる際，数字に置き換えられて処理される。キーワードを入力するときも大文字と小文字を区別すること。またキーワードの代わりに，数字を直接入力してもかまわない（OUTPUT：1, INPUT：0, HIGH：1, LOW：0 など）。

以上により，LED の点灯プログラムはリスト 2.1 のようになる。また，実行時の 3 番ピンにおける電圧信号は図 2.9 に示すように 5 V の電圧が出力し続けることになる。

```
1  void setup() {
2    pinMode(3, OUTPUT);
3  }
4
5  void loop() {
6    digitalWrite(3, HIGH);
7  }
```

リスト 2.1　LED の点灯プログラム（LedTurnOn.ino）

58   第 2 章　電圧出力の基礎（電圧出力と時間制御）

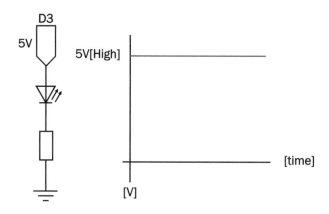

図 2.9　5V 出力時の電圧信号

【解説】

　プログラムで実行していることは，D3 ピンから 5 V の電圧を出力している。このとき回路全体には 5 V の電位差が生じるため，LED が点灯する。

4）プログラムの転送

　作成したプログラムは Arduino IDE を通じてコンパイルし，Arduino に転送する。Arduino IDE の左上にある 2 つのアイコンに注目する（図 2.10）。

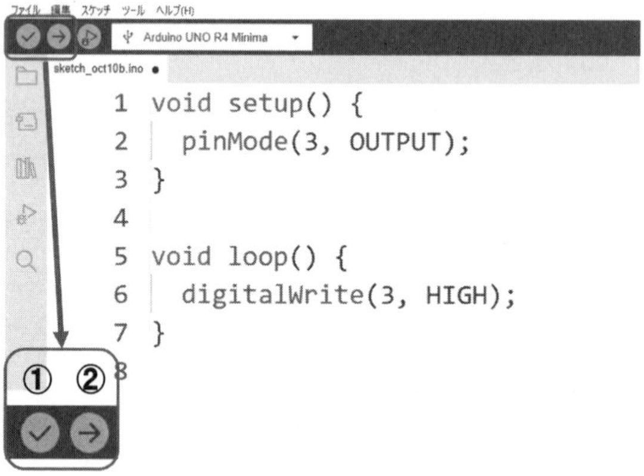

図 2.10　Arduino IDE のコンパイルおよびプログラム転送アイコン

① 検証

　プログラムを機械語に翻訳するコンパイル処理を行い，プログラムに文法的なエラーがある場合には，コンパイルエラーとなる。エラーを解消するまでプログラムを Arduino へ転送することができない。検証ではプログラムにエラーがあるかをチェックすることはできるが，プログラムを Arduino に転送する処理は含まれないので①だけの操作を行っても作成したプログラムは実行されない。コンパイルエラーがある場合，Arduino IDE の右下にエラーメッセージが表示される。

2　デジタル出力による LED とスピーカの制御　　59

② Arduino UNO への書き込み

　コンパイルを行い，プログラムの内容を Arduino UNO へ転送する。この処理によって
作成したプログラムが Arduino UNO で実行されることになる。正常に転送が完了する
と Arduino IDE の右下に「書き込み完了」というメッセージが表示される（図 2.11）。
今後プログラムを転送するには，基本的に②だけの操作でも構わない。

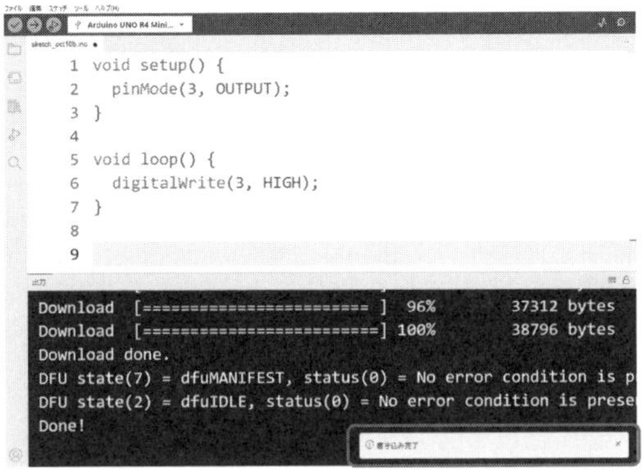

図 2.11　プログラムの転送完了状態

【確認】

　リスト 2.1 のプログラムを作成し「② Arduino への書き込み」の操作によりプログラム
を Arduino へ書き込む。書き込みが完了すると赤 LED が点灯することを確認せよ。

プログラムが転送できない場合

　プログラムに文法的なエラーがある場合や Arduino と PC の通信が不完全な状態の場合
には，プログラムが転送できないため Arduino IDE の右下にエラーメッセージが表示され
る。エラーメッセージが表示される場合はエラーの原因を突き止めプログラムを転送でき
るように編集する必要がある。エラーメッセージはエラーの原因を正しく指摘する場合も
あるが，すべてのエラーに対して正しいエラーメッセージが返ってくる訳ではないので，あ
くまで参考情報として扱うとよい。よくある初歩的なエラーの原因を以下に示す。

- Arduino と PC の不接続
  USB ケーブルの未接続やシリアルポートの選択が行われていない場合によりプログ
  ラムを送信できずエラーが生じる（Upload Error）。
- スペルミス
  正：digitalWrite → 誤：degitalWrite,
  正：pinMode → 誤：pinNode
  など命令のスペルが間違っているケース。
- 大文字小文字の間違い
  正：digitalWrite → 誤：digitalwrite,

正：pinMode → 誤：pinMOde

など大文字と小文字の区別が間違っているケース。

- セミコロン（;）の付け忘れ

  関数の最後にセミコロン（;）を付け忘れているケース。

- 全角文字の入力

  プログラムは必ず半角モードで入力する。日本語入力モードで入力したものは記号も含めて全角文字であり，コンパイル処理で必ずエラーになるので注意する。

- 括弧（{ }）の整合性

  setup 関数や loop 関数などブロックの始端と終端はそれぞれ中括弧（{ }）を用いて表現するが，この括弧の始端（{）と終端（}）は必ず 1 対 1 のペアになるように過不足なく記述した状態でなければならない。

【LED の消灯プログラム】

LED を消灯するプログラムは以下のリスト 2.2 のようになる。2 行目の pinMode(3, OUTPUT); では，3 番ピンを出力に設定する。6 行目の digitalWrite(3, LOW); では，3 番ピンから 0V を出力する。このときの 3 番ピンにおける電圧信号は図 2.12 のようになる。

```
1  void setup() {
2    pinMode(3, OUTPUT);
3  }
4
5  void loop() {
6    digitalWrite(3, LOW);
7  }
```

リスト 2.2　LED の消灯プログラム（LedTurnOff.ino）

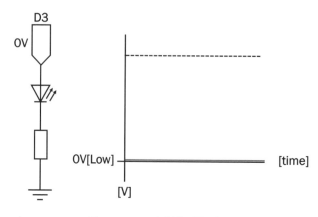

図 2.12　0 V 出力時の電圧信号

【解説】

LEDを消灯するためD3ピンから0Vの電圧を出力している。このとき回路全体の電位差はないのでLEDは消灯する。

【複数のLED点灯】

図2.13に示すように赤LEDに加え、黄色と緑色のLED点灯回路も追加し、複数のLEDを制御していく。回路の作成手順は赤LEDと同様である。LEDには極性があるので注意して配置すること。なお、黄色のLEDはD5ピンと接続し、緑色のLEDはD6ピンと接続する。

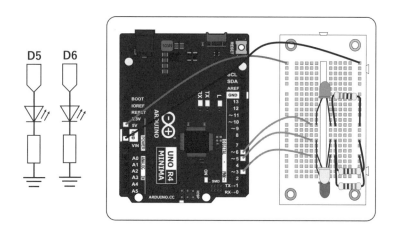

図 2.13　LED点灯回路の追加

3つのLEDをすべて点灯させるプログラムはリスト2.3のようになる。

```
1  void setup() {
2    pinMode(3, OUTPUT);
3    pinMode(5, OUTPUT);
4    pinMode(6, OUTPUT);
5  }
6
7  void loop() {
8    digitalWrite(3, HIGH);
9    digitalWrite(5, HIGH);
10   digitalWrite(6, HIGH);
11 }
```

リスト 2.3　3色のLED点灯プログラム（Leds.ino）

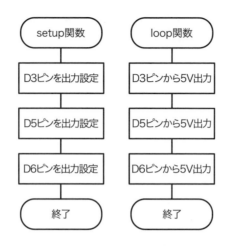

図 2.14 　3 色の LED 点灯プログラムの流れ

【リスト 2.3 解説】

　原則として，プログラムは複数の処理を同時に実行することができないため，順次構造のルールに従って上から下へ順番に関数が実行されることになる。loop 関数内の処理に着目してみると digitalWrite(3, HIGH);，digitalWrite(5, HIGH);，digitalWrite(6, HIGH); の順番でプログラムが実行される（図 2.14）。このとき，プログラムの 1 つ 1 つの処理は非常に高速に実行されるため人間の目では LED が順番に点灯していく様子は確認できず LED は全色同時に点灯するように見える。プログラムを記述する際に各々の関数は，原則として横に並べず，1 行ずつ改行して縦に並べていく方が良い。理由としては，プログラムは順次構造に従い上から下に実行されるためであり，複数の関数を横に並べて記述すると他の人がプログラムを見た際に処理の流れがわかりにくくなる。

```
7  void loop() {
8    digitalWrite(3, HIGH); digitalWrite(5, HIGH); digitalWrite(6, HIGH);
9  }
```

図 2.15 　関数を横に並べた処理の流れがわかりにくい例

【LED の点滅】

　LED の点灯と消灯が交互に繰り返すことを点滅という。身近に LED などのライトが点滅する例としては歩行者用信号機や車の方向指示ランプ，街中のイルミネーションなどがある。Arduino を用いて LED の点滅を認識するには，LED が点灯している時間と LED が消灯している時間をそれぞれ制御する必要がある。このとき Arduino が行える機能の 1 つである時間計測の機能を用いる。ここではプログラムの流れを一定時間停止する delay 関数を使用することで LED の点灯時間と消灯時間を制御する。

2 デジタル出力によるLEDとスピーカの制御

【習得すること：プログラム】

- delay 関数　　使い方：delay(時間 [ms]);
  指定時間の間，各ピンの状態を維持したままプログラムの流れを停止する関数である。delay命令が実行されている間はプログラムが先に進むことはない。指定時間はms単位（ミリ秒=1/1000秒）で指定する。つまり1秒間プログラムの流れを停止させる場合には，delay(1000);となり，0.5秒間プログラムの流れを停止させる場合にはdelay(500);となる。

【LEDの点滅プログラム】

1秒間隔で赤LED（D3ピン接続）を点滅するプログラムはリスト2.4のようになる。

```
1  void setup() {
2    pinMode(3, OUTPUT);
3  }
4
5  void loop() {
6    digitalWrite(3, HIGH);
7    delay(1000);
8    digitalWrite(3, LOW);
9    delay(1000);
10 }
```

リスト2.4　LEDの点滅プログラム（BlinkLed.ino）

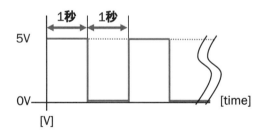

図2.16　LED点滅プログラムと出力電圧

【解説】

delay関数は指定した時間，各ピンの状態を維持した状態でプログラムの流れを停止させるためdigitalWrite(3, HIGH);とdigitalWrite(3, LOW);のそれぞれの関数実行直後にdelay(1000);を入れる。delay関数を入れることでLED点灯のまま1秒待機した後，LED消灯のまま1秒待機するという流れでプログラムが実行され，結果的に1秒間隔でLEDが点滅する（図2.16）。これをloop関数で繰り返すことによってLEDはArduinoの

64   第 2 章　電圧出力の基礎（電圧出力と時間制御）

電源が切れるまで点滅を繰り返す。このプログラムの場合は delay 関数の指定時間を変更することにより，LED の点灯時間と消灯時間を自由に制御することができるようになる。

【各自確認】

delay 関数の指定時間を変更し，LED の点滅時間を変更してみる。

2.5　定数とコメント

プログラム中で値が変化しない数値を定数として定義することができる。リスト 2.5 のプログラムでは，ピン番号と LED の点滅間隔を定数で定義している。また，コメントを使ってプログラム内にメモを記述することができる。

```
1   /*
2   Turns on and off an LED
3   */
4
5   const int pin = 3;
6   const int t = 200;
7
8   void setup() {
9     pinMode(pin, OUTPUT);
10  }
11
12  void loop() {
13    digitalWrite(pin, HIGH);
14    delay(t);
15    digitalWrite(pin, LOW);
16    delay(t);
17  }
```

リスト 2.5　LED の点滅 2（BlinkLedWithConstant.ino）

【解説】

定数 pin で指定したピンから High/Low の電圧を出力している。電圧の出力は，定数 t で指定した時間間隔で切り替わる。

【習得すること：プログラム】

- 定数について

   定数（constant）は，const を使って定義する。定義方法は，const＋データ型＋定数名 = 値; となる。データ型は，定数の値が，整数なのか小数なのかなどによって決まるキーワードとなり，ここでは，整数（integer）を表す int を使う。データ型の

2　デジタル出力による LED とスピーカの制御　65

詳細については，変数の項目を参照すること。定数の名前は，役割がわかるものに
するとよい。

const int pin = 13;　　const int t = 200;

リスト 2.5 のプログラムの 5，6 行目において定数 pin と t を定義している。そのた
めプログラム中の定数 pin はすべて 13，定数 t はすべて 200 となる。定数として定
義することで，定義部分を変更するだけで，定数の値が変更できる。

● コメント　　　使い方：// **コメント**（1 行のみ），/* **コメント** */（複数行）

プログラム中に，任意のテキスト文をメモとして記述できる。このテキスト文をコ
メントといい，プログラムの内容，関数の働きなどを記述するのに利用される。プ
ログラムには，作成したときにコメントを記述する習慣をつけよう。プログラム作
成時に適切なコメントを記述することで，過去に作ったプログラムを再利用する際
に非常に役立つ。

コメントには，2 種類の記述方法がある。1 つは，//であり，使い方は，// ここがコ
メントのように//の後にコメントを記述する。このとき，コメントは「//」から行
の最後までの 1 行のみ有効となる。もう 1 つは，/* 〜 */である。/*がコメント開
始の記号，*/がコメント終了の記号となる。1 つ目のコメントと違い，コメントは，
複数行にわたって有効となる。

ただし，全角文字が使えるのはコメント内だけであり，コメント以外に全角文字が
入力されるとエラーになる（特に，全角スペースに注意）。Arduino IDE のエディタ
では，コメント文には半角文字に加えて全角文字も使用できる。

2.6　ピエゾスピーカを鳴らす 1

ピエゾスピーカは，ピエゾ素子を利用したスピーカである。ピエゾ素子は電圧を加える
と厚さが変化する性質を持つ。そのため，ピエゾスピーカの両端に周期的に電圧を加えて，
その周波数を可聴域の範囲で変化させると，空気を振動させ音を発生させることができる。

```
1   const int pin = 10;
2   int t = 0;
3
4   void setup() {
5     pinMode(pin, OUTPUT);
6   }
7
8   void loop() {
9     t = 100;
10    digitalWrite(pin, HIGH);
11    delay(t);
12    // delayMicroseconds(t);
```

66 第2章 電圧出力の基礎（電圧出力と時間制御）

```
13    digitalWrite(pin, LOW);
14    delay(t);
15    // delayMicroseconds(t);
16  }
```

リスト 2.6　ピエゾスピーカを鳴らす 1（SpeakerDigitalWrite.ino）

【解説】

　リスト 2.6 では，LED 点滅プログラムをそのまま利用する。ただし，ピエゾスピーカの接続されているピン番号を 10 番ピンとしているが，実際に接続されているピン番号に変更すること。

　LED の点滅と同様に，ピンから電圧 5 V と 0 V を交互に出力している。電圧を切り替える時間を調整することで，音色を変化させることができる。電圧を切り替える周期を短くすれば高い音が，逆に長くすれば低い音が発生する。

　コメントが先頭に付いている delayMicroseconds 関数は，コメントとして処理されるので，関数として有効ではない。関数として使うには，先頭のコメント // を削除すればよい。このようなコメントの使い方をコメントアウトといい，プログラムに影響を与えずに，プログラム中に関数を残すことができる。delayMicroseconds 関数を有効にした場合は，delay 関数をコメントアウトする。delay() の代わりに delayMicroseconds() を使うことで，マイクロ秒単位で待機する時間を指定でき，delay 関数に比べて高い周波数の音を鳴らすことができる。

【習得すること：プログラム】

- delayMicroseconds 関数　　　使い方：delayMicroseconds(時間 [μs]);
  delayMicroseconds 関数は，delay 関数と同じ働きをもつ関数であるが，指定する時間はマイクロ秒単位となる。

- 変数について　　　int t = 0;
  変数は，定数と異なりプログラムの中で値を変更することができる。ここでは，delay 関数の時間に変数 t を使用している。変数を使う場合，最初に宣言を行う。宣言の仕方は，**データ型＋変数名**となる。宣言時に初期値を同時に与えることもできる。ここでは，int t = 0; により，整数型の変数 t を宣言し，初期値 0 を与えている。データ型は，宣言する変数が，整数か実数か，および値の範囲によって使い分ける。表 2.4 に主なデータ型を示す。なお，サイズは処理系に依存し，表は Arduino UNO R4 環境のものを表している。
  整数型 int は，負の数を 2 の補数で表現しており，最上位 bit が，正負を表現する符号 bit となっている。このとき，最上位 bit が 0 なら正，1 なら負の数を表す。変数が負の数を取り扱わない場合，符号 bit を使わない unsigned キーワードが使用でき

表 2.4　変数のデータ型

型	タイプ	サイズ	範囲
int	整数	4 Byte	-2,147,483,648〜2,147,483,647
float	実数	4 Byte	-3.4028235E+38〜3.4028235E+38
char	文字	1 Byte	-128〜127

る。unsigned を使うと，表現できる値の最大値が 1 bit 分だけ大きくなる（表 2.5）。

表 2.5　unsigned を使った符号なし変数

型	タイプ	サイズ	範囲
unsigned int	符号なし整数	4 Byte	0〜4,294,967,295（0〜$2^{32} - 1$）
unsigned char	符号なし整数	1 Byte	0〜255（0〜$2^8 - 1$）

- 変数の名前

  変数に名前を付ける場合，その役割が一目でわかるような名前を付けるとよい。しかし，次に示す予約語は使えないので注意する。C 言語には，あらかじめ使い方が決まった言葉である予約語が存在する。例えば，変数の定義で使った int，制御構造の if や for などが予約語の一例である。これらの予約語を変数名として使うことはできない。その他，数字から始まる変数名も使えない等の決まりがある。

2.7　ピエゾスピーカを鳴らす 2

delay 関数，delayMicroseconds 関数を使うと，High が出力される時間と Low が出力される時間を指定できる。すなわち，出力電圧の時間（周期）は設定できるが，その周波数を直接設定することは困難である。しかし，リスト 2.7 のように，tone 関数を使うと，周波数を指定して 5 V と 0 V が交互に切り替わる矩形波を容易に出力することができる。

```
1  void setup() {
2  }
3
4  void loop() {
5    tone(10, 1000, 500);
6  }
```

リスト 2.7　ピエゾスピーカを鳴らす 2（SpeakerTone.ino）

【解説】

tone 関数を使って 10 番ピンから周波数 1 kHz の矩形波を 0.5 秒間出力し，スピーカから音を鳴らしている。

【習得すること：プログラム】

- tone 関数　　使い方：tone(ピン番号，周波数);, tone(ピン番号，周波数，時間);
  tone 関数は，周波数を指定してピンから矩形波を出力する関数である。10 番ピンから出力される波形は図 2.17 になる。出力される波形は，1 周期に占める High の割合が 50%の矩形波となる。tone 関数を使うことで，周波数を指定した矩形波の出力ができる。tone 関数を使う場合，tone 関数の内部で出力ピンとして設定されるため，pinMode 関数で設定しなくてもよい。

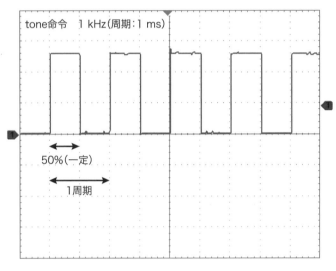

図 2.17　tone 関数と出力電圧

2.8　ピエゾスピーカを鳴らす 3

指定した時間だけ，ピエゾスピーカを鳴らし，止める。ここでは，tone 関数と noTone 関数を使う方法を示す（リスト 2.8）。

```
1  void setup() {
2    tone(10, 1760, 1000);
3    delay(1000);
4    noTone(10);
5    delay(1000);
6    tone(10, 880, 1000);
7    delay(1000);
8  }
9
10 void loop() {
11 }
```

リスト 2.8　ピエゾスピーカを鳴らす 3（SpeakerToneNoTone.ino）

3 アナログ出力 69

【習得すること：プログラム】

- tone 関数と delay 関数

  tone 関数の中で指定する時間は delay 関数のようにプログラムの流れを停止する働きがある訳ではない。従って単体の音だけでなく，何らかのメロディのように連続的に異なる音を出す場合には，tone 関数と delay 関数を組み合わせる必要がある。例えば，delay 関数を使わずに tone 関数だけを連続的に 2 つ記述すると，最初に記述した tone 関数を実行した後，一瞬で次に書かれている tone 関数に進むため，最初に記述した tone 関数の音は聞こえずに，後に書かれた tone 関数の音だけが聞こえる。

- noTone 関数　　　使い方：noTone(ピン番号)；

  noTone 関数を使うことで，tone 関数の出力を停止できる。

- setup 関数： プログラムの最初に 1 回のみ実行する

  loop 関数に記述されたプログラムは，何度も繰り返し実行される。1 回だけプログラムを実行したい場合，setup 関数に処理を記述すればよい。プログラムが実行されると，setup 関数が 1 回だけ実行され，その後，空の loop 関数が何度も実行される。

3 アナログ出力

　デジタル出力は，High（5 V）もしくは Low（0 V）の離散的な電圧を出力することである。それに対してアナログ出力は，5 V もしくは 0 V といったとびとびの電圧ではなくて，連続した電圧出力を行うことである。しかし，Arduino はハードウェアの構造上，基本的にはデジタル出力を行うことしかできない。そのため，Arduino がどのようにアナログ出力をしているか（しているようにみせているのか）について，LED の明るさを例に説明する。ピンからは，High が 5 V，Low が 0 V の電圧を出力できる。ピンからは，一定の電圧が出力されるので，LED 点灯時の明るさも一定である。LED の明るさを変化させたい場合，ピンから出力させる電圧を増減させればよい。しかし，Arduino の場合，ピンからは High と Low の電圧を出力することしかできない。そこで，High と Low の電圧を高速に切り替えながら出力する方法（PWM）を利用する。PWM は，Pulse Width Modulation の略であり，1 周期中の High と Low の割合を変化させて電圧を出力する方式となる。1 周期における High の割合（duty 比）が，出力する電圧の大きさに対応している。図 2.18 に異なった duty に対する出力電圧波形を示す。duty 比 0％は 0 V，duty 比 100％は 5 V の出力に対応しており，0〜100％間の duty 比は，その割合に比例して出力が大きくなる。例えば duty 比 25％は，5 V×0.25＝1.25 V の電圧出力に対応している。

【PWM を使った LED の点灯】

　リスト 2.9 に PWM 出力を使って，LED を点灯させる。ピンから HIGH（5 V）が出力されているとき に LED が点灯する。そのため，PWM 出力の High の割合（duty 比）が大きいほど，LED が 点灯している割合が大きくなり，明るく点灯する。

```
1  int duty = 150; //duty 0(0%)-255(100%)
2
3  void setup() {
4  }
5
6  void loop() {
7    analogWrite(3, duty);
8  }
```

リスト 2.9 PWM を使った LED の点灯（Pwm.ino）

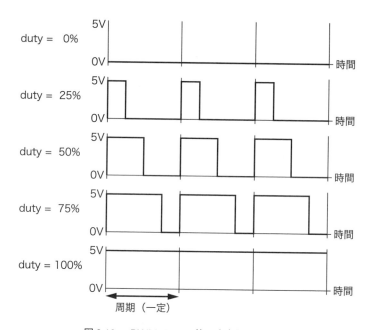

図 2.18 PWM の duty 比と出力電圧の関係

【解説】

3番ピンから，analogWrite 関数を使って電圧を出力する。出力される電圧は，PWM 方式の電圧となる。LED の明るさは，duty の値によって変化する。duty は 0〜255 までの値を指定することができる。

【習得すること：プログラム】

- analogWrite 関数　　使い方：analogWrite(ピン番号, 割合);
  analogWrite 関数は，指定したピンから PWM 方式の電圧を出力する働きがある。出力される電圧について，1周期中における High の割合を指定することができる。この1周期における High の割合を duty 比といい，0〜255 の値を指定することができる。duty 比が 0 のときは，High の割合が 0%，duty 比が 255 のときは High の割

合が 100%になる。analogWrite 関数が使用できるピンは，決まっており，Arduino UNO の場合，3 番，5 番，6 番，9 番，10 番，11 番ピンの 6 本のピンとなる。それらのピンには，ピンソケット横に「~」のマークがシルク印刷されている。また，ピンから出力される PWM 電圧の周期は一定である。

1) 反復構造：for 文（回数付き繰り返し構文）

次に同じ処理を何度も繰り返し実行するようなプログラムを考えてみる。例として，図 2.19 に示すように赤 LED を 0.5 秒間隔で 20 回点滅した後に，黄 LED を 0.3 秒間隔で 30 回点滅を繰り返すプログラムを作成する。もちろん，この処理を順次構造の流れに従って素直に上から順番に記述していくことも可能ではあるが，何十回も同じ処理を記述するのは効率的ではなく，意味もなく無駄に長いプログラムになってしまう。このように複数回同じ処理を繰り返す場合には反復構造の一つである for 文（回数付き繰り返し）を使うと効率的で簡潔なプログラムになる。

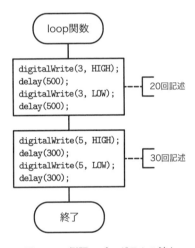

図 2.19　例題のプログラムの流れ

【例 1：5 回だけ LED を点滅させる（for 文）】

```
1  const int led = 3;
2
3  void setup() {
4
5    pinMode(led, OUTPUT);
6
7    for (int i = 0; i < 5; i++) {
8      digitalWrite(led, HIGH);
9      delay(300);
10     digitalWrite(led, LOW);
```

72 第2章 電圧出力の基礎（電圧出力と時間制御）

```
11      delay(300);
12    }
13
14  }
15
16  void loop() {
17  }
```

リスト 2.10 　5回だけ LED を点滅させる（for 文）（BlinkLed5timesFor.ino）

【解説】

リスト 2.10 は，LED の点滅を5回行うプログラムである。6行目の for に続く括弧の中にある i < 5 の5を変えると，繰り返し回数が変更できる。

【習得すること：プログラム】

- for 文　　　使い方：for（初期設定；条件；式）{ 処理 }

  for 文は，最初に初期設定が1度だけ実行される。次に，条件を判定し，真なら繰り返しを実行して，式を計算する。その後，再び条件を判定する。条件が真なら再度繰り返しを実行して，式を計算する。この操作を，条件が偽になるまで繰り返す。なお，この場合 int i は，for ループ内でのみ有効な変数となる。初期設定，条件，式が空の場合（for（;;)）は，無限ループとなる。

- インクリメント

  インクリメント演算子++は，変数の値を1ずつ増やす演算子である。i++が実行されると，変数 i の値が +1 される。

【例2：徐々に明るくなる LED】

```
1  const int led = 3;
2
3  void setup() {
4  }
5
6  void loop() {
7    for (int duty = 0; duty <= 255; duty++) {
8      analogWrite(led, duty);
9      delay(15);
10   }
11 }
```

リスト 2.11 　徐々に明るくなる LED（LedAnalogWrite.ino）

                                                              3　アナログ出力　　73

【解説】

　リスト 2.11 では，LED の明るさを徐々に増やしながら点灯させている。analogWrite 関
数の変数 duty が，for ループを繰り返すごとに 1 ずつ増えていく。

【習得すること：プログラム】

- for 文の変数

　　変数 duty は，for ループの 1 回目には，duty = 0 の値を持っている。繰り返すたび
　に，duty++ によって，duty の値が +1 だけ増えていく。すなわち，duty の値は，0〜
　255 まで増えていくことになる。このとき，変数 duty が analogWrite 関数内で High
　の割合を決める役割として使われているため，結果として for ループを繰り返すたび
　に LED の明るさが増していく。なお，変数 duty は，for ループ内だけで有効な変数
　となる。変数の有効範囲については，次章以降で扱う。

　以上のことから，例題の赤 LED を 0.5 秒間隔で 20 回点滅した後，黄 LED を 0.3 秒間隔
で 30 回点滅を繰り返すプログラムはリスト 2.12 のようになる。

```
1   void setup() {
2     pinMode(3, OUTPUT);
3     pinMode(5, OUTPUT);
4   }
5
6   void loop() {
7     for (int i = 0; i < 20; i++) {
8       digitalWrite(3, HIGH);
9       delay(500);
10      digitalWrite(3, LOW);
11      delay(500);
12    }
13
14    for (int k = 0; k < 30; k++) {
15      digitalWrite(5, HIGH);
16      delay(300);
17      digitalWrite(5, LOW);
18      delay(300);
19    }
20  }
```

リスト 2.12　　for 文を用いた複数回の LED 点滅処理（BlinkLedFor.ino）

74   第2章　電圧出力の基礎（電圧出力と時間制御）

【解説】

　赤 LED（D3 ピン接続）の点滅と黄 LED（D5 ピン接続）の点滅の処理に対して，それぞれを for 文でまとめて，指定された回数繰り返し処理を実行している。赤 LED の点滅は 20 回であり，変数 i を宣言し，条件式（i < 20）を設定している。黄 LED の点滅回数は 30 回であり，変数 k を宣言し，条件式（k < 30）を設定している。for 文内で宣言された変数は，for 文内でのみ有効な変数となるため，黄 LED の for 文に対しても同じ変数名 i を用いても問題がない（今回は変数 k を宣言している）。

第3章

電圧入力とセンサ

- 目標：
  - 電圧の入力方法を知りデジタル入力を扱えるようになる
  - 選択構造（if 文）と反復構造（while 文）の使い方を知る
  - シリアル通信により Arduino と PC の通信ができるようになる
- 実習内容：
  - スイッチによる LED の制御
  - スイッチ操作のカウント

1 電圧入力について

Arduino ができることの一つに「電圧の入出力」がある。この内「電圧の入力」は外部回路からピンに入力される電圧を読み取る際に必要な機能となる。世の中には熱力学温度,光度,圧力,加速度など様々な物理量が存在するが,これらの物理量の変化をマイコンが認識できる電圧情報に変換する働きを持った素子をセンサという。電圧の入力とセンサを用いることで世の中にある様々な物理量を Arduino で取り扱うことができるようになる（図 3.1）。

図 3.1　電圧入力の概要

1.1　2 種類の電圧入力：デジタル入力とアナログ入力

電圧の入力方法にはデジタル入力とアナログ入力の 2 種類がある。デジタル入力では入力電圧が高い（High）か低い（Low）かによって,0（Low）または 1（High）の 1bit（2 通り）の情報として識別する。このとき入力電圧が 0 か 1 を決定づける境目となる値のこと

76   第 3 章　電圧入力とセンサ

を閾値（しきい値）と呼び，閾値以上の電圧が入力された場合マイコンは 1（High）とみなす。逆に閾値よりも入力電圧が低い場合には 0（Low）と判断される。

　一般的にセンサから入力される電圧は連続的に状態が変化し，外部回路などから電気的なノイズを拾うこともあるため入力電圧は不安定になりやすい。そのため閾値電圧を 2.5 V などある 1 点だけにしておくと，ちょうど閾値程度の電圧が入力された際にノイズなどの影響を受けて短期間で High と Low を不安定に揺れ動き，入力電圧の認識が不安定になってしまうことがある。これを避けるため Arduino などのマイコンにはシュミット・トリガのようにバッファの働きを持つ回路が搭載される。入力電圧が Low から High に変化する閾値は高めに設定されており，High から Low に変化する閾値を低く設定することで閾値の幅を持たせ安定化させる。

　もう一つの電圧の入力方法であるアナログ入力においては，ある程度細かく連続的な電圧を識別することができる。アナログ入力の場合には，ADC（Analog to Digital Converter）と呼ばれる変換器を用いて，最終的に Arduino のマイコンが認識できるデジタル値に変換する必要がある。搭載される ADC によってどの程度まで細かい電圧を識別できるかが決まっており，この能力のことを分解能という。入力されるアナログ電圧が ADC によりデジタル値として変換されると階段状の電圧として表現される。仮に ADC が 2 bit の分解能を持つ場合で考えると，アナログ入力で表現できるデジタル値は $(00)_2$，$(01)_2$，$(10)_2$，$(11)_2$ の 4 通りとなる。このときに電圧を階段状で表現するとステップの数は 3 段となり，Arduino が扱う 0〜5 V の電圧に当てはめると 1 段あたりの段差は $5/3 \fallingdotseq 1.66666666\cdots$ V となる。従って 2 bit の分解能を持つとき約 1.7 V 単位で電圧の違いを識別できることを意味する。実際に Arduino でアナログ入力を行う場合は，デフォルトの設定として分解能が 10 bit に設定されている。このとき表現できる値は $(0000000000)_2$〜$(1111111111)_2$（0〜1023）となり，0〜5 V の範囲で 1024 通りの電圧を識別ができる。電圧を識別するステップの数は 1023 段となり，1 段あたりの段差は $5/1023 = 0.00488758\cdots$ V となることから，10 bit では約 4.9 mV の入力電圧の違いを認識することができる。なお，Arduino UNO R4 Minima では最大で 14 bit の分解能を持つ ADC が搭載されており，設定により ADC の分解能を変更することができる。アナログ入力が利用できる I/O ピンは予め決まっており，Arduino UNO R4 Minima では A0〜A5 の計 6 ピンでのみ使用できる。

2　スイッチの読取り

2.1　準備

　デジタル入力の機能を使用するとスイッチの ON と OFF を Arduino で認識することができる。図 3.5 で示すようなタクトスイッチ（タクタイルスイッチ）は ON/OFF の操作により接点が着いたり離れたりする。この接点の状態変化を入力電圧の変化に変換することにより，Arduino でスイッチの ON/OFF を認識することができるようになる。まずは

2 スイッチの読取り　77

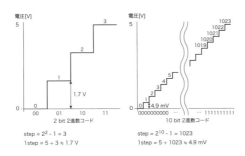
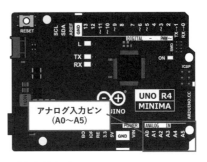

図 3.2　アナログ入力の変換とアナログ入力対応ピン

スイッチを読み取るための入力回路を適切に組む必要がある。配布部材の中からタクトスイッチを取り出し，配線（10 cm×1）も準備しておく。

表 3.1　必要電子部品 2

部品名	数量等
タクトスイッチ	1
単線コード（黄，10 cm）	1

2.2　プルアップ回路・プルダウン回路

　入力ピンの電圧について考える場合，ピンからマイコン内部をみたときの抵抗値（シュミット・トリガバッファの入力抵抗値）が非常に大きいので，ピンからマイコン内部へ流れ込む電流については無視してもよい（ただし，これはピンが入力ピンである場合のみで，ピンが出力ピンである場合は，ピンに電流が流れるので注意する）。スイッチを押した場合，ピンに 0 V を与える回路として図 3.3 (a) を考える。スイッチが ON の場合は，ピンに 0 V を与えることができる。しかし，スイッチが OFF の場合は，ピンは電気的に接続されていない状態（high-impedance state：ハイインピーダンス状態）になる（図 3.3 (b)）。

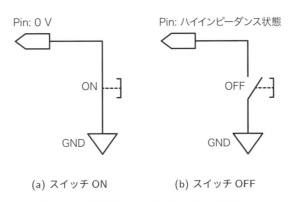

図 3.3　入力回路（ハイインピーダンス状態）

78   第3章　電圧入力とセンサ

ハイインピーダンス状態であるピンの電圧は，電気的にHighかLowか定まっていないため，不安定な状態となる。そこで，スイッチOFF時のハイインピーダンス状態を避けるため，ピンと5Vの間に抵抗を接続する。この抵抗は，スイッチOFFの場合に，ピンに5Vを与える役目があり，スイッチOFF時の不安定な状態を解消することができる。この抵抗のことを，電源の高電圧側へピン電圧を引っ張り上げる役割を持つことからプルアップ抵抗といい，この回路をプルアップ回路という（図3.4）。スイッチがONの場合，5V – プルアップ抵抗 – スイッチ – GNDの順番に電流が流れる。このときピンの電圧は，プルアップ抵抗の抵抗値とスイッチの抵抗値から決まる。ここで押しボタンスイッチを，OFF時は抵抗値∞，ON時は抵抗値0Ωとなる理想的なスイッチだと考えると，ピン電圧はスイッチの電圧降下分と等しいので0Vとなる。プルアップ抵抗の大きさについては，抵抗値が小さすぎると，ON時に突然回路に大電流が流れることになり，回路に悪影響を及ぼす可能性がある。反対に抵抗値が大きすぎると，ピンがハイインピーダンス状態になりピン電圧が不安定になる。重要な点は，素子（ここではスイッチ）の抵抗値とプルアップ抵抗値とのバランス（ON/OFF時に閾値電圧をまたぐこと）と，ON時に素子に流れる電流が，その素子の定格内に収まっていることである。プルアップ回路の抵抗と素子の配置を逆にしたものをプルダウン回路という。プルダウン回路の中で，ピンとGNDを結んでいる抵抗を，電源の低電圧側へピン電圧を引っ張り下げる役割を持つことからプルダウン抵抗という。プルダウン回路についても，プルアップ回路と同様の考え方ができる。実際には，プルアップ回路・プルダウン回路を利用する場合，ピンに保護抵抗として数百Ω程度の抵抗を接続して使用する（図3.4）。この抵抗は，ピンが入力ピンである場合は，ピンの内部抵抗と直列に接続されているので回路に影響を与えることはなく，プログラムミス等でピンが出力ピンになった場合には，ピンを通して電源がショートすることを防いでいる。

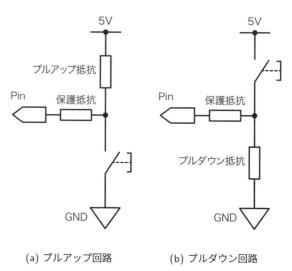

図3.4　プルアップ回路/プルダウン回路

2.3 タクトスイッチの配置

タクトスイッチはボタンの ON/OFF によってある接点が切り離されたり，導通したりする，電気工作などで多用されるスイッチである．本実習で使用するタクトスイッチは 4 つの端子があるがその内，2 箇所はスイッチの ON/OFF に関係なく最初から導通している状態である．よく見ると脚の向きがあり，図 3.5 に示す A と B，そして C と D は常に導通している．スイッチを押すと A は C，D に接続し，B も D，C と接続するようになる．このスイッチをブレッドボード上へ適切に配置することによって，スイッチの ON/OFF により回路の導通状態と絶縁状態を作り出すことができる．スイッチを取り出し，スイッチの向きに注意しながら Hama ボードのブレッドボードに配置する．

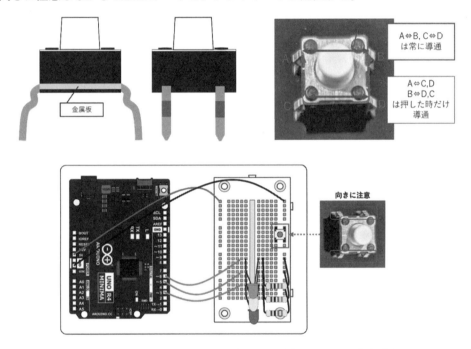

図 3.5　タクトスイッチと Hama ボードへのタクトスイッチの取り付け

2.4 外部プルアップ回路の作製とスイッチの読取り

正しくスイッチの状態を読み取るためには，図 3.4 で説明したようなプルアップ回路/プルダウン回路をブレッドボード上に組む必要がある．この場合，タクトスイッチに加え，プルアップ抵抗（10 kΩ），保護抵抗（1 kΩ），入力ピンへの配線が必要になる．保護抵抗は意図せずに入力ピンに過電流が流れ，Arduino が故障するのを防ぐために使用する．なお，今回は入力ピンとして D12 ピンを使用することにする．プルアップ回路を作ると，スイッチが OFF のときに Arduino に入力される電圧情報は High（1）となり，スイッチが押されると Low（0）の信号が入力される．

図 3.6 のようにプルアップ回路が作製できたらスイッチの状態を読み取るプログラムを

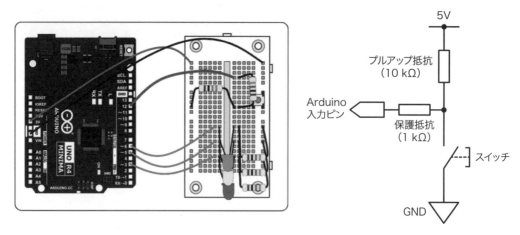

図 3.6　プルアップ回路の実装図および回路図

作成し，その結果をシリアルモニタで確認する。

```
1  const int sw = 12;
2
3  void setup() {
4    Serial.begin(9600);
5    pinMode(sw, INPUT);
6  }
7
8  void loop() {
9    int val = digitalRead(sw);
10   Serial.print("val = ");
11   Serial.println(val);
12 }
```

リスト 3.1　スイッチの状態を読み取るプログラム（DigitalReadSw.ino）

【解説】

　スイッチの ON/OFF が変化すると，それに応じてピン電圧が変化する。プログラムでは，そのピン電圧をデジタル入力で読み取り，シリアルモニタに表示させる。

　リスト 3.1 の 4 行目で Serial.begin 関数によりシリアル通信の通信速度を設定する（ここでは 9600 bps としている）。pinMode 関数は，ピンの入出力設定を行う関数であり，今回は D12 ピンの電圧を読み取る入力（INPUT）として使用するため，5 行目で pinMode(sw, INPUT);（定数 sw は D12 ピンを指す）としている。9 行目の int val = digitalRead(sw); では整数型の変数 val を宣言と同時に，ピンの電圧を読み取る関数である digitalRead 関数を使い，D12 ピンの電圧を読み取り，その結果を変数 val に代入する。ここで「=（イコール

記号）」は代入を意味しており，変数 val に読み取った値を保管する役割を持つことに注意する。Serial.print 関数は，ダブルクォーテーション（"）に囲まれた文字列「val = 」をシリアルモニタに表示する。Serial.println 関数は，末尾に改行が追加されることを除いて，Serial.print 関数と同じ働きを持つ。11 行目の Serial.println(val); によって，変数 val の値をシリアルモニタに表示させて，改行している。

【習得すること：プログラム】

- digitalRead 関数　　使い方：digitalRead(ピン番号);
  digitalRead 関数は，ピンの番号を指定すると，そのピンの状態をデジタル入力形式で読み取ることができる。ピンの電圧が，閾値より大きい場合は 1（HIGH），小さい場合 0（LOW）となる。デジタル入力に利用するピンは，あらかじめ pinMode 関数を使って入力（INPUT）に設定しておく。

【確認】
シリアルモニタを開いた状態でスイッチの ON/OFF を行う。シリアルモニタ上でスイッチが OFF のときに val の値は 1 と表示され，スイッチが ON のときは val の値は 0 となる。

2.5　内部プルアップの利用とスイッチの読取り

図 3.6 ではブレッドボード上に外部回路としてプルアップ回路を組んだが，Arduino の内部にはプルアップ抵抗が入っており，プログラムで設定することにより図 3.7 のように外部にプルアップ回路を組む必要がなくなる。

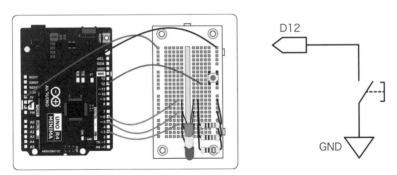

図 3.7　プルアップ回路の実装図および回路図

プログラムでプルアップ抵抗を有効化し，スイッチの状態を読み取るプログラムは以下のようになる。

```
1  const int sw = 12;
2
3  void setup() {
4    Serial.begin(9600);
```

```
5    pinMode(sw, INPUT_PULLUP);
6  }
7
8  void loop() {
9    int val = digitalRead(sw);
10   Serial.print("val = ");
11   Serial.println(val);
12 }
```

リスト 3.2　内部プルアップ抵抗有効時のスイッチの状態を読み取るプログラム（DigitalReadSwPullup.ino）

- pinMode 関数　　使い方：pinMode(ピン番号, INPUT_PULLUP);
  pinMode 関数の入出力設定を INPUT_PULLUP にすることで，対象の入力ピンに対して Arduino 内部のプルアップ抵抗を有効化する。これにより外部にプルアップ回路を組まずに，スイッチと入力ピンへの信号線があればスイッチの読取りが適切に行える（図 3.8）。

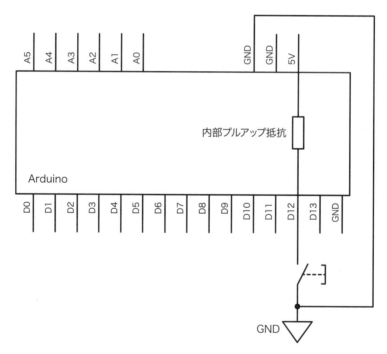

図 3.8　内部プルアップ抵抗有効時の回路の状態

2.6　選択構造 if 文

プログラムで電圧の読取りが可能になると，入力される電圧に応じて処理を分岐させることができる。条件によって処理を分岐させるような制御構造のことを選択構造と呼ぶ。ここでは選択構造として代表的な if 文について紹介する。if 文は条件を判定し，その真偽

によって処理を分岐させることができる。if 文は判定する条件の数や，状況によって 3 通りの記述方法で表される（図 3.9）。

```
if ( 条件 ) {          if ( 条件 ) {          if ( 条件 A ) {
    処理                    処理 A                   処理 A
}                     } else {              } else if ( 条件 B ) {
                          処理 B                   処理 B
                      }                     } else {
                                                处理 C
                                            }
```

1 つの条件を判定	1 つの条件を判定	複数の条件を判定 （条件が偽の場合のみ， 次の条件を判定）
条件が真→処理実行	条件が真→処理 A 実行 条件が偽→処理 B 実行	条件 A が真→処理 A 実行 条件 B が真→処理 B 実行 それ以外 →処理 C 実行

図 3.9　if 文の記述例

【使い方】

例 1：条件が真（n が 10 より大きい）の場合，LED が点滅する。

```
if (n > 10) {
  digitalWrite(13, HIGH);
  delay(200);
  digitalWrite(13, LOW);
  delay(200);
}
```

例 2：条件が真（state が 1）の場合 LED を点灯，偽の場合 LED を消灯する。

```
if (state == 1) {
  digitalWrite(13, HIGH);
} else {
  delay(200);
}
```

84   第3章　電圧入力とセンサ

例3：複数の条件によって LED の点灯状態（点灯，点滅，消灯）を変える。

```
if (n == 1) {
  digitalWrite(13, HIGH);
} else if (n > 100) {
  digitalWrite(13, HIGH);
  delay(200);
  digitalWrite(13, LOW);
  delay(200);
} else {
  digitalWrite(13, LOW);
}
```

【習得すること：プログラム】

● 条件の記述方法

条件の記述には，演算子を利用する。条件判定で使用する主な演算子を図 3.10 に示す。比較演算子（==, !=, >=, <=）は，左辺と右辺を比較し真なら 1 を返し，偽なら 0 を返す演算子となる。論理演算子の論理積（&&）は，左辺と右辺を比較して，両方真なら，全体が真となり，論理和（||）は，左辺と右辺の片方が真なら，全体が真となる。

演算子	記述例	意味
== 等しい	n == 5	n が 5 に等しい
!= 等しくない	n != -1	n が -1 でない
> 大なり	n > 3	n が 3 より大きい
< 小なり	n < 25	n が 25 より小さい
>= 以上	n >= 10	n が 10 以上
<= 以下	n <= 8	n が 8 以下
&& 論理積	n > 3 && n <= 10	n が 3 より大きい かつ n が 10 以下
|| 論理和	n <= 3 || n > 10	n が 3 以下 または n が 10 より大きい

図 3.10　条件判定に使用する主な演算子

if 文に関わらず，C 言語の条件判定は，0 が偽，0 以外が真となる。そのため，条件として図 3.11 のような記述も可能となる。

2.7　スイッチによる LED の点灯状態の制御（if – else 文）

スイッチの読取りのプログラムと選択構造 if 文を使うことにより，スイッチの ON/OFF によって LED の点灯と消灯を制御することができる。スイッチが押されたときにだけ LED

if 文	真偽
if (0) { 処理 };	常に false（偽）
if (1) { 処理 };	常に true（真）
if (3) { 処理 };	常に true（真）
if (n) { 処理 };	n = 0 以外のとき true（真），n = 0 のとき false（偽）
if (!n) { 処理 };	n = 0 のとき true（真），n = 0 以外のとき false（偽）

図 3.11　条件の真偽

が点灯するようにプログラムを作成する（リスト 3.3）。

```
1   const int sw = 12;
2   const int led = 3;
3
4   void setup() {
5     pinMode(sw, INPUT_PULLUP);
6     pinMode(led, OUTPUT);
7   }
8
9   void loop() {
10    int val = digitalRead(sw);
11
12    if (val == 1) {
13      digitalWrite(led, LOW);
14    } else {
15      digitalWrite(led, HIGH);
16    }
17  }
```

リスト 3.3　スイッチの ON/OFF による LED の点灯状態の制御（DigitalReadSwLed.ino）

【解説】

　スイッチと LED に割り当てるピンはそれぞれ定数で定義している（D12 ピンは定数 sw，D3 ピンは定数 led）。setup 内ではスイッチの入力設定として，プルアップ抵抗を有効化するために pinMode(sw, INPUT_PULLUP); が必要になる。また LED の点灯状態を制御するために出力設定として pinMode(3, OUTPUT); を記述する。このとき，loop 関数で実行するプログラムは以下の 2 つの要素に切り分けて順番に組み立てると考えやすい。

　① スイッチの状態を読み取ること。

　② 読み取ったスイッチの状態（ON/OFF）によって条件分岐し LED の点灯状態を制御。

　まず，loop 関数のはじめにスイッチの状態を読み取る。ここでは整数型（int 型）の変

数 val を宣言して，`digitalRead(sw);` で読み取ったスイッチの値を変数 val に代入する（=（イコールが 1 つ）は右辺値を左辺値に代入する演算子）。今回 if 文の表現では，スイッチが OFF ならば LED は消灯状態を保ちスイッチが ON のときは LED が点灯するように記述している。このとき，読み取ったスイッチの状態（0（ON）または 1（OFF））は変数 val に保管されていることに注意して，if 文の条件では変数 val を用いて記述する。

if 文の条件（`val == 1`）の `==` は等価であることを意味する（代入演算子 = と区別）。つまり，変数 val の値が 1 と等しければ（スイッチが OFF）条件は真となり，LED は消灯したままになる。逆にスイッチが押されている状態のときに if 文の条件（`val == 1`）は偽の判定となり，else 文に記述された `digitalWrite(led, HIGH);` が実行され LED は点灯する。このとき，プログラムはスイッチの状態に関わらず，loop 内の処理を高速で繰り返しており，if 文に対してもその都度，条件判定が行われ分岐処理が流れ続ける。そのため，スイッチの ON/OFF 操作に対して，遅延時間がなく LED の点灯/消灯が追従する。このプログラムの流れを図 3.12 に示す。

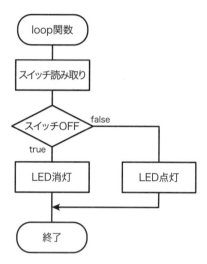

図 3.12　スイッチによる LED 制御の流れ

2.8　条件付き繰り返し while 文

ある条件によって繰り返し処理を実行したい場合には反復構造の 1 つである while 文が使用できる（図 3.13）。

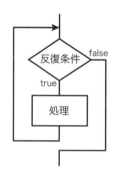

図 3.13　while 文の処理の流れ

【例：5 回だけ LED を点滅させる（while 文）】

```
1  const int led = 3;
2  
```

2　スイッチの読取り　　87

```
3    void setup() {
4      int i = 0;
5      pinMode(led, OUTPUT);
6
7      while (i < 5) {
8        digitalWrite(led, HIGH);
9        delay(300);
10       digitalWrite(led, LOW);
11       delay(300);
12       i++;
13     }
14   }
15
16   void loop() {
17   }
```

リスト 3.4　　5 回だけ LED を点滅させる（while 文）（BlinkLed5timesWhile.ino）

【解説】

リスト 3.4 では while 文を使って，LED の点滅を 5 回繰り返している。

【習得すること：プログラム】

- while 文　　　使い方：while（条件）{処理}
  条件が真の場合のみ処理を繰り返す働きがある。条件が偽になるとループを抜ける。
  条件の判定は，繰り返しの先頭で行われる。最初から条件が偽の場合は，処理が行
  われない。

2.9　スイッチによる LED の点灯状態の制御（while 文）

スイッチによる LED の ON/OFF 制御は while 文を使用しても実現ができる。if 文のと
きと同様にスイッチが押されたときにだけ，LED が点灯するようなプログラムを作成する。

```
1    const int sw = 12;
2    const int led = 3;
3
4    void setup() {
5      pinMode(sw, INPUT_PULLUP);
6      pinMode(led, OUTPUT);
7    }
8
9    void loop() {
10     int val = digitalRead(sw);
```

```
11
12      while (val == 0) {
13        val = digitalRead(sw);
14        digitalWrite(led, HIGH);
15      }
16
17      digitalWrite(led, LOW);
18    }
```

リスト 3.5　スイッチによる LED の点灯状態の制御（while 文）（DigitalReadSwWhile.ino）

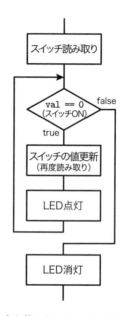

図 3.14　while 文を使ったスイッチによる LED 制御の流れ

【解説】

　リスト 3.5 の loop 関数では，まず，スイッチの入力を読み取るため，digitalRead 関数で入力ピン（sw（D12））の情報を読み取り，宣言した変数 val に代入する．スイッチの状態は変数 val という変数に保管されているため，変数 val を用いて while 文の条件を記述する．while 文の条件を（val == 0）とすれば，スイッチが ON の間は真となるため，while 文内の digitalWrite(led, HIGH); が実行され LED は点灯する．スイッチが OFF の状態であれば while 文の条件が偽となるため，while 文内の処理は実行されずに，digitalWrite(led, LOW); のみが実行される．if 文と異なるのはスイッチが押されている間（条件が真の間），プログラムは先に進むことなく while 文の中で処理を繰り返し実行するという点である．このプログラムで注目したいのはリスト 3.5 の 13 行目に記されている val = digitalRead(sw); である．この処理は while 文内で再度スイッチの状態を読み

取り変数 val の値を更新する役目がある。この処理がない状態で，一度スイッチを押して val の値が 0 になると while 文内の処理が実行されるが，このときスイッチを ON/OFF しても while 内では変数 val の値が変化しない。そのため while 文内で val の値は 0 のままになってしまい，while の条件は永遠に真の判定となり，while 文から抜け出せなくなってしまう。処理の流れを図 3.14 に示す。

2.10 do – while 文

while 文では必ず最初に条件判定がされるため，初めから条件が偽の場合には while 文に記述された処理は 1 度も実行されない。しかし do – while 文では条件の真偽に限らず必ず 1 回は do – while 文内に記述された処理を実行する（リスト 3.6）。

```
 1  const int led = 3;
 2
 3  void setup() {
 4    int i = 0;
 5    pinMode(led, OUTPUT);
 6
 7    do {
 8      digitalWrite(led, HIGH);
 9      delay(300);
10      digitalWrite(led, LOW);
11      delay(300);
12      i++;
13    } while (i < 5);
14  }
15
16  void loop() {
17  }
```

リスト 3.6 5 回だけ LED を点滅させる（do – while 文）（BlinkLed5timesDoWhile.ino）

【習得すること：プログラム】

- do – while 文　　　使い方：do {処理} while（条件）;
  条件が真の場合のみ処理を繰り返す。条件が偽になるとループを抜ける。条件の判定は，繰り返しの最後に行われる。while 文と異なり，最初から条件が偽の場合でも，必ず 1 度は処理が行われる。

2.11 スイッチ操作のカウント

スイッチを押した回数をカウントし，シリアルモニタに表示させる。まず，図 3.15 に示すスイッチとピン状態の対応関係を確認する。プルアップ回路を使う場合は，スイッチ OFF＝ピン状態 1（High），スイッチ ON＝ピン状態 0（Low）になり，プルダウン回路を使う場合は，スイッチ ON＝ピン状態 0（Low），スイッチ OFF＝ピン状態 1（High）となる。どちらの回路を使用するかを把握してからプログラムを作成すること。スイッチを押す操作は，スイッチを「押した瞬間」「押している間」「離した瞬間」の 3 動作に分割できる。ここでは 3 動作のうち，スイッチを押した瞬間と離した瞬間に注目しプログラムを作成していく。

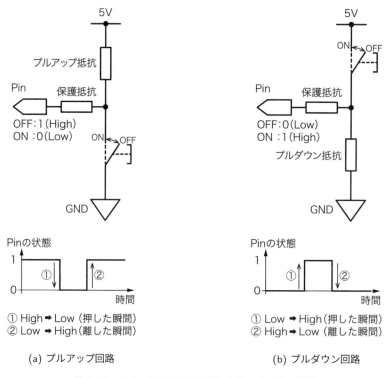

図 3.15　スイッチ ON/OFF 時によるスイッチの状態

【習得すること：プログラム】
- ピン状態の切り替わりをとらえる

    プルアップ回路では，ピン状態が High から Low に変化したときがスイッチを押した瞬間に対応し，Low から High に変化したときが離した瞬間に対応する。プルダウン回路においては，High と Low の関係が逆になる。プルアップ，プルダウン回路のいずれにおいてもピンが以前の状態から変化したという事象を，プログラム上で表現するにはピンの現在の状態と過去の状態を保存し，それらを比較すればよい。状

態の保存には変数が使われるが，その際には次に説明するローカル変数とグローバル変数の違いについて注意する必要がある。

- 変数について（ローカル変数）

変数が宣言されると，Arduino のマイコン（Renesas RA4M1）の RAM 内に，変数に必要なサイズ分のメモリが確保される。ただし，変数に利用できるメモリには限りがあり，RA4M1 の場合は 32 KByte となっている。この有限のメモリを効率的に利用するため，変数には常にメモリに存在し続ける変数と必要な場合だけ一時的に存在する変数の 2 種類が存在する。基本的には，変数は宣言された関数の中でのみ[1]，その変数にアクセスができる。

関数内で宣言された変数は，関数が呼び出されたときに生成され，関数の処理が終了すると破棄される。このような変数をローカル変数といい，ローカル変数はメモリに一時的に存在する変数となる。また，関数内でローカル変数を利用すると，他の関数が不用意に変数の値を変更することを防止できる。

プログラムの作成

今回の例では，loop 関数内で宣言された変数は，loop 関数が実行される度に，生成と破棄を繰り返すことになる。すなわち，スイッチの過去の状態やスイッチを押した回数といった値を保持したい変数にローカル変数を利用すると，毎回変数が破棄されるため値を保持することができない。ここでは，次の 2 つの方法を利用して変数の値を保持する。

方法 1 グローバル変数の利用

変数を，すべてのブロックの外側で宣言して使用する。リスト 3.7 のプログラムにある定数 sw，変数 old_val と変数 c のように関数定義の外で宣言された変数はグローバル変数といい，すべての関数からアクセスできる変数になる。グローバル変数は，他の関数から自由にアクセスできるので，意図しない値の変更に注意すること。また，グローバル変数はプログラム実行中常にメモリ内に存在するため，メモリのリソースを消費する。

```
1   const int sw = 12;
2   int old_val = 0;
3   int c = 0;
4
5   void setup() {
6     Serial.begin(9600);
7     pinMode(sw, INPUT_PULLUP);
8   }
9
10  void loop() {
```

---

[1] 関数とはある特定の機能を持ったプログラムのまとまりである。ここでいう関数の中とは，setup 関数と loop 関数などの中括弧（{ }）で囲まれている部分を指す。

92　第3章　電圧入力とセンサ

```
11    int val;
12    val = digitalRead(sw);
13
14    Serial.print("c = ");
15    Serial.println(c);
16
17    if ((old_val == HIGH) && (val == LOW)) {
18      delay(10);
19      c = c + 1;
20    }
21
22    old_val = val;
23  }
```

リスト 3.7　グローバル変数を利用したスイッチ操作のカウント（CountSwGlobal.ino）

【解説】

　プルアップ回路で実行したとき，スイッチを押した瞬間に回数をカウントするプログラムである。一方で，プルダウン回路で実行したときは，スイッチを離した瞬間にカウントするプログラムになる。変数 c にスイッチを押した回数，変数 val に現在のピン状態，変数 old_val に，1 つ前のピン状態を保存している。状態が High から Low に変化したら，スイッチを押した瞬間であると判断し，c の値を 1 だけ増やしている。最後に old_val に val を代入し，old_val を書き換えている。

【習得すること：プログラム】

- 変数の優先順位

  変数は，宣言されたブロックの内側においては常に有効であり，その変数にアクセスすることができる。プログラム中に同じ名前の変数が存在する場合がある。その場合，どちらの変数が内側のブロックで宣言されているかを考える。変数へのアクセスは，内側のブロックで宣言されている変数が優先される。ただし，同じブロック内に同じ名前の変数宣言があるとエラーになる。例えば，グローバル変数とローカル変数が同じ名前である場合，変数のアクセスはローカル変数が有効な範囲においてはローカル変数が優先される。ローカル変数同士が同じ名前である場合においても，同様に内側のブロックにある変数が優先される（図 3.16）。例として，同じ名前の変数が使われている状況を説明したが，実際に変数を使う場合には紛らわしい名前は付けないで，他の変数と区別がつきやすく，変数の役目が理解しやすい名前を付けるべきである。

2 スイッチの読取り　93

```
int c = 0; ←── グローバル変数 c の
                宣言と初期化

void setup() {
  int c; ←── ローカル変数 c の宣言
            (setup関数内のみ有効)
  c = 10; ←── ローカル変数 c に代入
            (内部ブロック優先)
}

void loop() {
  c = 7; ←── グローバル変数 c に代入
}
```

```
int i = 0; ←── グローバル変数 i の宣言と初期化

void setup() {
  int i; ←── ローカル変数 i の宣言
            (setup関数内のみ有効)
  i = 10; ←── ローカル変数 i に代入
            (内部ブロック優先)

  for (int i = 0; i < 5; i++) {
          ↑── ローカル変数 i の宣言と初期化
              (for文ブロック内のみ有効)
    pinMode(i, OUTPUT);
          ↑── ローカル変数 i を使用
              (内部ブロック優先)
  }

}

void loop() {
  i = 7; ←── グローバル変数 i に代入
}
```

図 3.16　変数の優先順位

- チャタリングの対策

  スイッチは，導体と導体が物理的に接触することによって ON 状態になる．物理的
  な接触は，人間の感覚ではほんの一瞬であるが，Arduino にとっては導体が接触す
  る一瞬は，何十回とスイッチを読み取ることができるほどの時間になる．そのため，
  導体同士がぶつかった瞬間に接点がバウンドし，連続的に ON/OFF が切り替わる状
  態を読み取ってしまうことがある．この現象をチャタリングといい，チャタリングを
  読み取ると ON/OFF が短時間に切り替わり不安定な状態になるので，プログラム上
  の処理に影響を与える場合がある．チャタリングには，ハードウェアとソフトウェ
  アの両方からの対策が可能である．ここではソフトウェア側からできる対策として，
  チャタリングをやり過ごす方法を用いる．リスト 3.7 では 18 行目に delay(10); を
  入れることで，スイッチの状態が変化してからチャタリングが落ち着くまで，しば
  らくの時間待機してから処理を行うようにしている．

- 代入とインクリメント

  変数の値を増やす場合，代入を表す「=」を使って記述できる．（左辺）＝（右辺）は，
  （右辺）の値を（左辺）の変数に代入することを意味する．ここでは，c = c + 1 に
  よって，c + 1 を再度変数 c に代入している．結果として c の値が 1 増える．他の記
  述の仕方に，インクリメント演算子を使う方法もある．「++」を使って，c = c + 1
  の代わりに c++ と記述してもよい．インクリメント演算子 ++ は，変数の値を +1 する
  ことができる．

94   第3章 電圧入力とセンサ

方法2 静的変数の利用

```
1   const int sw = 12;
2
3   void setup() {
4     Serial.begin(9600);
5     pinMode(sw, INPUT_PULLUP);
6   }
7
8   void loop() {
9     int val;
10    static int old_val = 0;
11    static int c = 0;
12
13    val = digitalRead(sw);
14    Serial.print("c = ");
15    Serial.println(c);
16
17    if ((old_val == HIGH) && (val == LOW)) {
18      delay(10);
19      c++;           // c = c + 1;
20    }
21
22    old_val = val;
23  }
```

リスト 3.8 静的変数を利用したスイッチ操作のカウント（CountSwStatic.ino）

【解説】

　変数 old_val と変数 c が修飾子 static を付けて宣言されている（リスト 3.8）。そのため，変数 old_val と変数 c は，loop 関数が初めて実行されるときにメモリを確保する。そのため変数 old_val と変数 c は，loop 関数が終了しても破棄されないため，値を保持し続けることができる。なお，静的変数を初期化する場合は，宣言と同時に初期値を代入する。

【習得すること：プログラム】

- 静的変数 static
  修飾子 static は，静的変数を定義するキーワードである。静的変数は，関数の処理が終了した後も破棄されず，メモリ内に存在し続けるため，値の保持ができる。静的変数の初期化は，最初に 1 度だけおこなわれる。
- 論理積と論理和を使った条件

if 文の条件を記述する場面において，2 つの条件を利用したい場合，論理積（&&）と論理和（||）が利用できる。論理積は，2 つの条件がともに真である場合，全体が真となり，論理和は，2 つの条件のうち，どちらか一方が真の場合，全体が真となる。ここでは，if 文の条件には，スイッチが押された瞬間を設定したい。プルアップ回路の場合，スイッチが押された瞬間は，前の状態が High であり，かつ，現在の状態が Low になった場合である。したがって，条件は論理積 && を使って，((old_val == HIGH) && (val == LOW)) と記述できる。なお，==（イコール 2 つ）は，等しいを表す比較演算子である。

方法 3 while ループを組み合わせたカウント

ここでは 1 つ前のピン状態を保存することなく，ピンの状態を連続して読み取ることで，ピン状態が変化する瞬間を検出する方法を紹介する（リスト 3.9）。

```
1   const int sw = 12;
2   int c = 0;
3
4   void setup() {
5     Serial.begin(9600);
6     pinMode(sw, INPUT_PULLUP);
7   }
8
9   void loop() {
10    int val = digitalRead(sw);
11
12    Serial.print("c = ");
13    Serial.println(c);
14
15    if (val == LOW) {
16      while (val == LOW) {
17        val = digitalRead(sw);
18        delay(10);
19      }
20      c++;
21    }
22  }
```

リスト 3.9　while ループを組み合わせたスイッチ操作のカウント（CountSwWhile.ino）

【解説】

プルアップ回路においてスイッチを押して離すという操作をしたとき，ピンの状態は，図 3.17 の①→②→③の順番に変化する。このプログラムは，スイッチを離した瞬間③を検出して，カウントをおこなう。スイッチを離した瞬間を検出するために，プログラムでは，もしスイッチが押されたら離されるまで待ち，スイッチが離されたらカウントする方法を使っている。スイッチの状態①〜③とプログラムの対応関係を考える。スイッチを押した瞬間は，スイッチの状態がLOWになるので，if (val == LOW) の条件が真となる。押している間，スイッチの状態は，LOWを維持するため，while (val == LOW) の条件が真となるので，while ループが繰り返し実行されている。すなわち，スイッチが押されると，if (val == LOW) の条件が真となり，後に続くwhile (val == LOW) の条件も真となる。そのため，スイッチが押されている間，while ループが実行され続けることになる。スイッチが離された瞬間，変数 val が HIGH になるので，while ループの条件が偽となり，ループを脱出する。while ループを抜けたときが，スイッチを離した瞬間になり，ここで変数 c の値を+1 している。このとき，while ループ内に，ピンの状態を読み取る digitalRead 関数が必要である点に注意する。while ループ内でピンの状態を読む操作を行わないと，変数 val の値が書き換わらないため，スイッチを離した状態を認識できない。while ループ内の delay(10); は，チャタリング対策のためである。

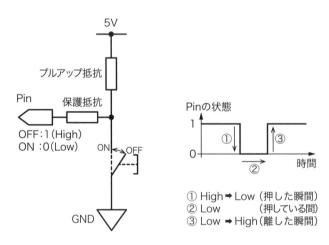

図 3.17　スイッチの 3 状態（プルアップ回路）

【確認】

シリアルモニタを起動させた状態で，スイッチを押す度に変数 c の値が 1 個ずつカウントアップしていくことを確認する。同時にスイッチが離された瞬間にカウントアップしていることも確認する。

2.12 アナログ入力

Arduinoではもう一つの電圧の入力方式としてアナログ入力がある。アナログ入力と赤外距離センサや，光センサ，マイクなどのセンサと組み合わせることによって，連続的な外部物理量の変化を読み取ることができるようになる。

可変抵抗器の読み取り

可変抵抗器は 3 本の端子を持ち，つまみを回転させることで電気抵抗の大きさを連続的に変えられる素子である（図 3.18）。ただし，抵抗が変化するのは中央端子と片側端子間の抵抗値であり，両端にある端子間の抵抗値は一定である。可変抵抗器の中央端子を Arduino のピンに接続し，両端の端子をそれぞれ 5 V と GND に接続する。このとき，可変抵抗器の両端の端子に流れる電流は一定である。可変抵抗器のつまみを回すと，ピンと GND 間の抵抗値が変化するので，ピンに 0～5 V の電圧を連続的に与えることができる。

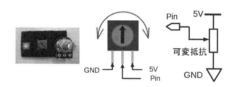

図 3.18　可変抵抗器と回路図

可変抵抗器を使い，アナログ入力を確かめるプログラムをリスト 3.10 に示す。

```
1  const int vr = A5;
2
3  void setup() {
4    Serial.begin(9600);
5  }
6
7  void loop() {
8    int val = analogRead(vr);
9
10   Serial.print("val = ");
11   Serial.println(val);
12 }
```

リスト 3.10　可変抵抗によるアナログ入力電圧の読み取り（AnalogReadVR.ino）

【解説】

可変抵抗器のつまみを回転させることで，ピンの電圧が 0～5 V の範囲で変化する。リスト 3.10 ではアナログ入力を利用して，ピンの電圧を読み取り，シリアルモニタに表示させている。プログラムでは，可変抵抗器（variable resistor）とつながっている入力ピン A0 を

98   第3章 電圧入力とセンサ

定数 vr で定義している。loop 関数では，analogRead 関数を使って，A0 ピンの電圧を読み取り，変数 val に代入している。変数 val の値は，Serial.print 関数により，シリアルモニタに表示される。

【習得すること：プログラム】

- analogRead 関数　　　使い方：analogRead(ピン);
  アナログ形式で電圧を読み取る関数である。アナログ入力を使う場合は，pinMode 関数を使って入力ピンに指定しなくてもよい。アナログ入力が利用できるピンは，A0 ～A5 までの 6 本であり，プログラム内のピン番号には，A0～A5 の表記を使用する。

2.13　複数の条件分岐（else – if 文）

アナログ入力と可変抵抗を扱うことにより，0～5 V までの入力電圧を連続的な 1024 通り（0～1023）の値として読み取ることができる（Arduino UNO におけるデフォルトの分解能は 10 bit）。複数の条件分岐処理（else – if 文）を使い，可変抵抗の操作によるピンへの入力値に応じて LED の点灯パターンが変化するプログラムを考えてみる。

```
1   const int vr = A5;
2
3   void setup() {
4     Serial.begin(9600);
5     pinMode(3, OUTPUT);
6     pinMode(5, OUTPUT);
7     pinMode(6, OUTPUT);
8   }
9
10  void loop() {
11    int val = analogRead(vr);
12
13    if (val < 200) {
14      digitalWrite(3, LOW);
15      digitalWrite(5, LOW);
16      digitalWrite(6, LOW);
17    } else if (val < 400) {
18      digitalWrite(3, HIGH);
19      digitalWrite(5, LOW);
20      digitalWrite(6, LOW);
21    } else if (val < 600) {
22      digitalWrite(3, LOW);
23      digitalWrite(5, HIGH);
```

```
24      digitalWrite(6, LOW);
25    } else if (val < 800) {
26      digitalWrite(3, LOW);
27      digitalWrite(5, LOW);
28      digitalWrite(6, HIGH);
29    } else {
30      digitalWrite(3, HIGH);
31      digitalWrite(5, HIGH);
32      digitalWrite(6, HIGH);
33    }
34  }
```

リスト 3.11　アナログ入力値に応じた LED の点灯（AnalogReadLed.ino）

【解説】

　リスト 3.11 では可変抵抗とアナログ入力を利用して，ピンの電圧を読み取り，入力値によって条件分岐を行い，入力値に応じたパターンで LED を点灯させる。loop 関数で，analogRead 関数を使って，A5 ピンの電圧を読み取り，変数 val に代入している。アナログ入力値は変数 val に保管されており，可変抵抗器の動きに応じて 0〜1023 までの値を取り得る。従って条件設定は 0〜1023 までの範囲で設定ができ，変数 val が 200 より小さければ LED は全色消灯，val が 200 以上かつ 400 より小さければ赤 LED 点灯，val が 400 以上かつ 600 より小さければ黄 LED 点灯，val が 600 以上かつ 800 より小さければ緑 LED 点灯，それ以外（800 以上）であれば LED は全色点灯する。

【習得すること：プログラム】

- else – if 文
  2 つ以上の条件がある状況のときに使用できる。条件判断は必ず上から順番に実行され，真となった条件の処理を実行したら，if 文全体の処理が終了する。つまりある条件が真となり，その処理が実行されれば，それより下に書かれている条件判定は一切行われない。例としてリスト 3.11 で示した else – if 文の流れを図 3.19 に示す。

2.14　switch 文

　変数が特定の値や文字と一致しているか否かを判断し，複数の条件分岐処理を行う場合，else – if 文の他に switch 文が利用できる（リスト 3.12）。else – if 文を使う場合に比べて，条件と実行する処理の対応関係が容易に把握できるという利点がある。ただし，else – if 文と違って条件には，等価（一致しているか否か）の判定しか記述できない。つまり，リスト 3.11 の条件分岐のように条件に値の幅を持たせている場合には，そのまま利用することができない。

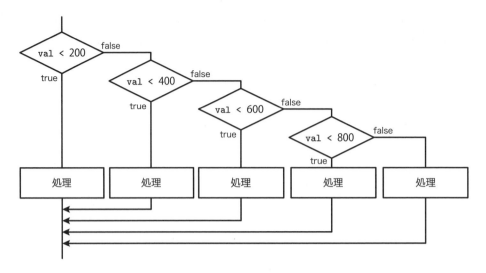

図 3.19　else – if 文の流れと記述方法の例

【例 1：変数 mode の値によって処理を分岐させる場合の記述例（抜粋）】

```
switch (mode) {
  case 1:                    // mode = 1
    digitalWrite(L, LOW);
    digitalWrite(R, HIGH);
    break;
  case 2:                    // mode = 2
    digitalWrite(L, HIGH);
    digitalWrite(R, LOW);
    break;
  case 3:                    // mode = 3
    digitalWrite(L, LOW);
    digitalWrite(R, LOW);
    break;
  case 4:                    // mode = 4
    digitalWrite(L, HIGH);
    digitalWrite(R, HIGH);
    break;
  default:                   // すべての条件に一致しない場合(省略可能)
    digitalWrite(STOP, HIGH);
}
```

リスト 3.12　switch 文による出力電圧の制御

2　スイッチの読取り　　*101*

【解説】

　変数 mode の値により，4 パターンの分岐処理を行っている。例えば，mode の値が 1 の場合，case 1: 以下が実行され，5 行目の break 文で switch 文を抜ける。このように break 文は，後に続く処理を中断する働きがある。break 文については，2.15 節を参照のこと。また，defalut ラベル以下には，mode の値が 1〜4 以外の場合に実行する処理が記述される。defalut ラベルは省略してもかまわない。

【例 2：シリアル通信を使った文字の受信】

```
1   void setup() {
2     Serial.begin(9600);
3     pinMode(3, OUTPUT);
4   }
5
6   void loop() {
7     char ch;
8     ch = Serial.read();
9     if (ch != -1) {
10      switch (ch) {
11        case 'H':
12          digitalWrite(3, HIGH);
13          break;
14        case 'L':
15          digitalWrite(3, LOW);
16          break;
17        default:
18          Serial.println(ch, DEC);
19      }
20    }
21  }
```

リスト 3.13　シリアル通信を使った文字の受信（SerialRead.ino）

【解説】

　リスト 3.13 ではシリアルポートから送信されるデータを受け取って，LED の ON/OFF 制御を行う。文字は，Arduino IDE のシリアルモニタから送信する。送信方法は，シリアルモニタ上部のカーソルがある領域に文字を入力し，Enter キーもしくは送信ボタンをクリックする。送信データが，文字 H の場合，13 番ピンの LED が点灯し，文字 L の場合，LED が消灯する。それ以外の文字が送信された場合は，その文字のアスキーコードがシリアルモニタに表示される。表示は，DEC を指定しているため，10 進数表記になる。Serial.read

102   第 3 章　電圧入力とセンサ

関数は，シリアルポートから 1 Byte のデータを読み取る関数である．データが読み取りに
失敗した場合は，戻り値として −1 を返す．

　なお，'H' や'L' などシングルクォーテーションで囲まれた文字は文字定数と呼ばれ，文
字の内部表現に等しい値を表す．例えば，'H' は 72 を表し，case 72: と書き換えても，同
じ動作をする．

【例 3：switch 文（break 文がない場合）】

```
switch (n) {
  case 1:
    Serial.print('a');
  case 2:
    Serial.print('b');
  case 3:
    Serial.print('c');
  default:
    Serial.println('d');
}
```

リスト 3.14　break 文がない場合の処理

【解説】

　n の値によって，異なった文字がシリアルモニタに表示される．n が 1 の場合は，シリア
ルモニタに abcd と表示される．n が 2 の場合は bcd，n が 3 の場合は cd，その他の場合は
d と表示される．リスト 3.14 のプログラムのように break 文がない場合は，一致する case
文から，その後に続く処理がすべて実行される．

【習得すること：プログラム】

- switch 文
  switch 文は，変数が特定の値と等しい場合，処理を実行することができる．if 文と
  異なり，条件には，等しいか否かの判定しか記述できない．switch 文の記述方法を
  図 3.20 に示す．
  　switch の後には変数が記述され，case の後には値が記述される．条件に記述され
  た変数が，case に続く値と一致する場合は，対応する処理を実行し，一致しない
  場合は，次の case 文の判定を順次行う．case 文の最後には，:（コロン）を忘れな
  いようにする．判定したい条件が続く場合は，case 値を続けて記述していく．最後
  の default ラベルには，すべての条件が一致しない場合に実行する処理が記述され
  る．default ラベルは，省略してもかまわない．break 文は，処理を中断し，switch
  文を脱出する働きがある．switch case 文内の break 文は必須ではなく，例 3 のよう

```
switch ( 変数 ) {
    case 値 1:            // 変数 = 値 1 の場合

        ┌──────────┐
        │   命令   │
        └──────────┘

    break;
    case 値 2:            // 変数 = 値 2 の場合

        ┌──────────┐
        │   命令   │
        └──────────┘

    break;
    case 値 3:            // 変数 = 値 3 の場合

        ┌──────────┐
        │   命令   │
        └──────────┘

    break;
    case 値 4:            // さらに条件が続く場合は，続けて記述

            ⋮

    break;
    default:             // すべてに一致しない場合(省略可能)

        ┌──────────┐
        │   命令   │
        └──────────┘

}
```

図 3.20　switch 文の記述方法

に break 文を記述しない場合もある。

2.15　反復構造におけるループの脱出とスキップ

1) break 文

反復構造の中で break 文が実行されると，ループを脱出することができる。ループの途中で，特別な状況が発生したときなどに，ループを脱出することができる（リスト 3.15）。

```
1   void setup() {
2     Serial.begin(9600);
3   }
4
5   void loop() {
6     int i = 0;
7
8     while (i < 5) {
9       i++;
10      if (i == 3) {
11        break;
12      }
```

104   第3章　電圧入力とセンサ

```
13      Serial.print("i: ");
14      Serial.println(i);
15      delay(300);
16    }
17  }
```

リスト 3.15　while 文での break 文（WhileBreak.ino）

【解説】

while 文の条件は変数 i が 5 よりも小さいとき，while 文内で変数 i の値を 1 ずつ加算し，シリアルモニタ上に値を表示する。変数 i の値が 3 のときに break 文が実行されるため，1→2 までの値が表示されるが，3 になると if 文の条件が真となり，break 文が実行され while 文から脱出する。従って 3 以上の値は表示されない。while 文を脱出した後は loop 関数の先頭に戻り再び while 文の処理が実行されるというループを繰り返す。結果としてシリアルモニタ上には 1→2 のみが繰り返し表示される。

2) continue 文

continue 文は，ループをスキップすることができる。continue 文が実行されたときのループが，スキップされる。break 文とは異なり，反復構造を脱出しないので，続けて次のループが実行される（リスト 3.16）。

```
1  void setup() {
2    Serial.begin(9600);
3  }
4
5  void loop() {
6    int i = 0;
7
8    while (i < 5) {
9      i++;
10     if (i == 3) {
11       continue;
12     }
13     Serial.print("i: ");
14     Serial.println(i);
15     delay(300);
16   }
17 }
```

リスト 3.16　while 文での continue 文（WhileContinue.ino）

2 スイッチの読取り　　*105*

【解説】

　while 文で変数 i が 5 より小さいとき，変数 i の値を 1 ずつ増やし，シリアルモニタに，変数 i の値を表示する。従って 1 → 2 と値が順番に表示される。そして変数 i が 3 のときに continue 文が実行される。continue 文が実行されると，cotinue 文が囲まれている最内のループ処理が 1 度スキップされる。つまり変数 i が 3 のときにだけ `Serial.print("i: ");` から `delay(300);` までの 3 行のプログラムは実行されず，シリアルモニタ上に 3 の値は表示されない。continue 文の処理は再び while 文の先頭へ戻り，i が 4 のときおよび i が 5 のときには再び値を表示させる。つまり，シリアルモニタには 1 → 2 → 4 → 5 の順番で値が表示され，これを繰り返す。

第 4 章

自作関数と Hama-Bot の制御

- 目標：
  - 関数の概要を理解し自作関数を作れるようになる
  - Hama-Bot の動作を関数として定義して使用する
- 実習内容：
  - 自作関数による Hama-Bot の制御

1 関数について

関数は，特定の機能や働きを持つ処理のまとまりを定義したものである．関数を使う場合は，その関数を呼び出す（実行する）だけでよく，一度関数を作成すると，そのプログラムにおいて何回でも呼び出して使うことができる．そのため，同一処理を何度も記述する必要がなくなり，プログラムの可読性が向上する．

1.1 関数の概要

関数には，関数名，関数に与える入力，関数からの出力がある．関数に与える入力を引数（ひきすう），出力を戻り値という．関数の概念と定義方法を図 4.1 に示す．関数定義の際に使う仮引数とは，引数を受け取る変数のことである．

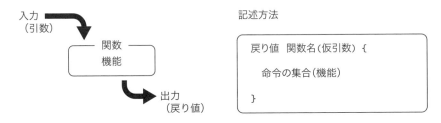

図 4.1　関数の概念と定義方法

実は，これまでに何気なく使用してきた delay(300)，digitalWrite(3, HIGH) などの実体はすべて関数である．例えば，delay 関数は指定した時間（ms）プログラムの流れを停止させる機能を持つ関数である．delay 関数の括弧の中には時間を入力する必要があるが，

この値が引数と呼ばれる関数への入力値の実体である（実際に関数に入力する値のことを実引数という）。また digitalWrite 関数は指定したピンから 0 V あるいは 5 V の電圧信号を出力する機能を持った関数である。digitalWrite 関数では，ピン番号と電圧出力の 2 つの値を関数に入力する。つまり digitalWrite 関数は 2 つの引数を持つ関数である。このように関数は複数の引数を受け取ることができる。また，スイッチの状態を読み取る際に使用した digitalRead 関数においても，引数としてピン番号を入力する。引数があるという部分では先に紹介した 2 つの関数と同じであるが，digitalRead 関数は戻り値を持つ関数である。この関数に読み取りたいピンの値を引数として入力すると読み取った結果として整数型の値が出力される。つまり digitalRead 関数は引数と戻り値を持つ関数になる。3 章でタクトスイッチの電圧を読み取った際に `int val = digitalRead(sw);` というプログラムが登場したが，これは digitalRead 関数の戻り値を変数 `val` に代入している。これまでに使用したこれらの関数は Arduino がデフォルトで提供している関数であり特別な準備をしなくても誰でも使用することができる。ちなみに Arduino がデフォルトで提供する関数の一覧は Arduino IDE 左上のヘルプ (H) メニューを選択し，リファレンスへ進むと参照することができる。

　一方，自分で関数を作成する場合には，図 4.1 にある「記述方法」の形式になるように関数を定義することから始めなければならない。本章では自分で関数を作成し，関数の概要やメリットを知り自作関数の作成と実行方法について習得する。

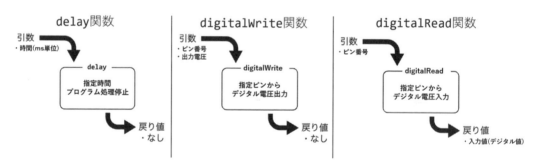

図 4.2　これまで主に使用した関数の概要

　新しく関数を作成するには，プログラム中で関数の定義が必要となる。Arduino のプログラムでは，原則として loop 関数の後に自作関数を定義する。このとき誤って loop 関数の中に関数を定義するとコンパイルエラーになるため注意が必要である。

1.2　関数の作成例
1) 準備
　例として LED を点滅させる処理を関数にすることで，関数の作成方法と使い方を習得する。リスト 4.1 は，13 番ピンに接続されている LED を 1 秒間隔で点滅させるプログラムである。図 4.3 に示すように Arduino の 13 番ピンは基板上のチップ LED と接続しており，

LED点灯回路を組む必要なく，プログラムの結果を基板上のLEDで確認することができる．シルク印刷でLと書かれている長方形型の実装部品が13番ピンに接続しているチップLEDである．

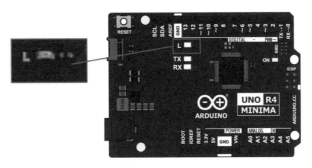

図 4.3　13番ピンに接続しているArduino UNO上のLED

LED点滅プログラム

```
1  void setup() {
2    pinMode(13, OUTPUT);
3  }
4
5  void loop() {
6    digitalWrite(13, HIGH);
7    delay(1000);
8    digitalWrite(13, LOW);
9    delay(1000);
10 }
```

リスト 4.1　LEDの点滅プログラム（BlinkLedWithoutFunction.ino）

2) 関数の作成

練習として，LEDを点滅させる機能を持つ関数を作成する．点滅部分を関数にしたものを図4.4に示す．関数名には，その機能がわかるような名前を付ける．ここでは関数名をblinkとしている．関数への引数と戻り値がない場合は，voidを記述する．なお，仮引数のvoidは省略される場合がある．

3) 関数の呼び出し

リスト4.2に示すように関数を呼び出して実行するには，関数名を記述する．関数名の後には，()（括弧）を付けて，引数を記述すること．引数がない場合は，括弧のみを記述する．

110　第 4 章　自作関数と Hama-Bot の制御

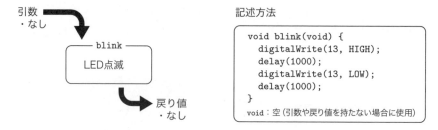

図 4.4　LED を点滅させる blink 関数

関数 blink を使った LED 点滅プログラム

```
1  void setup() {
2    pinMode(13, OUTPUT);
3  }
4
5  void loop() {
6    blink();
7  }
8
9  void blink() {
10   digitalWrite(13, HIGH);
11   delay(1000);
12   digitalWrite(13, HIGH);
13   delay(1000);
14 }
```

リスト 4.2　LED 点滅関数（BlinkLedFunction1.ino）

4) 引数の使用

　リスト 4.2 の blink 関数は，13 番ピンに接続されている LED を点滅させることができる。そのため，他のピンに配線されている LED を点滅させることができない。ここでは，blink 関数にピン番号を指定する機能を追加し，どのピンに LED がつながっていても，点滅させることができるようにする。関数の入力である引数にピン番号を指定し，blink 関数に与える。リスト 4.3 の blink 関数は，引数として受け取ったピン番号に対応するピンから電圧を出力する処理を行う。関数の定義部分において，値を受け取る役割を持つ引数を特に仮引数と呼ぶ。ここでは，ピンの番号を受け取る変数 pin が仮引数となり，この仮引数 pin は，関数内で有効なローカル変数として取り扱われる。仮引数においても，変数の宣言時と同様にデータ型を指定しなければならない。ここではピン番号は整数であるので，整数型のキーワードである「int」を使う（図 4.5）。blink 関数を使う場合は，blink(ピン番

号）; とする。例えば，13 番ピンの LED を点滅させる場合は，blink(13); と記述する。

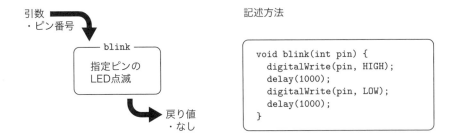

図 4.5　引数をとる関数

```
1  void setup() {
2    pinMode(13, OUTPUT);
3  }
4
5  void loop() {
6    blink(13);
7  }
8
9  void blink(int pin) {
10   digitalWrite(pin, HIGH);
11   delay(1000);
12   digitalWrite(pin, HIGH);
13   delay(1000);
14 }
```

リスト 4.3　ピン番号を引数として LED を点滅させる blink 関数（BlinkLedFunction2.ino）

　リスト 4.3 のように関数を定義する際には，関数にどのような種類の値を引数や戻り値として設定するのかあらかじめ決めておく必要がある。これは今まで扱った変数を扱う場合と同じであるが，関数の引数や戻り値がないことを表す void 型というデータ型が存在する（表 4.1）。

表 4.1　引数と戻り値のデータ型

データ型	タイプ
int	整数
float	実数
char	文字
void	無し

5) 2つの引数を使用

関数 `void blink(int pin)` は，1回しかLEDを点滅させることができない。ここでは，blink関数に点滅回数を指定できる機能を追加し，LEDを複数回点滅させる。blink関数の引数として，ピン番号に加えて点滅回数も同時に与える。2つの引数を与える場合，引数を順番に記述すればよい。引数と引数との間には，カンマ（,）を付ける。

2つの引数をとるblink関数は，`void blink(int pin, int n)` となる（図4.6）。このblink関数を使う場合は，`blink(ピン番号，点滅回数);` とする。例えば，13番ピンのLEDを10回点滅させる場合は，`blink(13, 10);` と記述する（リスト4.4）。

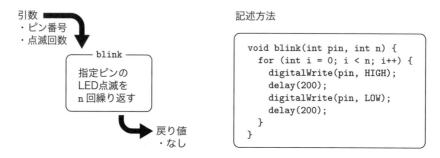

図4.6　2つの引数をとる関数例

```
1   void setup() {
2     pinMode(5, OUTPUT);
3     pinMode(6, OUTPUT);
4     pinMode(13, OUTPUT);
5   }
6
7   void loop() {
8     blink(5, 3);
9     blink(6, 7);
10    blink(13, 10);
11  }
12
13  void blink(int pin, int n) {
14    for (int i = 0; i < n; i++) {
15      digitalWrite(pin, HIGH);
16      delay(200);
17      digitalWrite(pin, LOW);
18      delay(200);
19    }
20  }
```

リスト4.4　ピン番号と点滅回数を引数としたblink関数（BlinkLedFunction3.ino）

1 関数について　*113*

6) 関数の戻り値

関数からの戻り値がある場合は，return 文を使って値を返すことができる（リスト 4.5）。

引数と戻り値がある関数の使用例

```
1   void setup() {
2     Serial.begin(9600);
3     pinMode(13, OUTPUT);
4   }
5
6   void loop() {
7     Serial.println(add(2, 3));
8   }
9
10  int add(int a, int b){
11    return a + b;
12  }
```

リスト 4.5　引数と戻り値を持った関数（2 つの値を足す）（FunctionAdd.ino）

【解説】

関数 add は，2 つの引数 a と b を受け取り，それらを足し合わせた値 a+b を戻り値として返す。

【習得すること：プログラム】

- return 文　　使い方：return 値;
  return 文には呼び出し元に戻り値を返す。return 文の後に，戻り値として返す値を記述する。値の代わりに，式を記述してもよい。値を指定せずに return 文のみ記述すると，そこで関数の処理を終えることができる。

114　第 4 章　自作関数と Hama-Bot の制御

2　Hama-Bot の基本動作について

　第 IV 部 Hama-Bot 製作実習で製作する Hama-Bot には走行用のモータが左右に搭載されており，モータドライバ IC を介することにより順転，逆転，自然停止，ブレーキの制御をそれぞれのモータに対して行う。この左右のモータを適切に制御することで前進，後退，右回転，左回転，停止の基本的な走行動作を実行することができる。このとき，使用するモータドライバ IC（TA7291P）に対して 2 つのピンから電圧信号を出力することで 1 つのモータを制御することを考えると，基本動作を実行するためには計 4 つのピンから電圧を出力する関数を実行する必要がある。すなわち，左モータを制御する場合は，5 番ピン，6 番ピンに，右モータを制御する場合は，10 番ピン，11 番ピンに対して適切な電圧を出力する。

【前進】

　Hama-Bot を設計通り組み立てた場合に前進するための digitalWrite 関数の組み合わせは図 4.7 のようになる。

```
//forward
digitalWrite(5, HIGH);　　　　── 左モータ順転
digitalWrite(6, LOW);
digitalWrite(10, LOW);　　　　── 右モータ順転
digitalWrite(11, HIGH);
```

図 4.7　　Hama-Bot の前進動作における digitalWrite 関数の組み合わせ

【後退】

　前進の場合の左右モータの回転方向を順転とした場合，後退の場合は左右ともに逆転させればよい。従って，図 4.8 のように前進の digitalWrite 関数の組み合わせに対して HIGH と LOW を逆にすればよい。

```
//backward
digitalWrite(5, LOW);　　　　── 左モータ逆転
digitalWrite(6, HIGH);
digitalWrite(10, HIGH);　　　── 右モータ逆転
digitalWrite(11, LOW);
```

図 4.8　　Hama-Bot の後退動作における digitalWrite 関数の組み合わせ

【左右旋回】

　左右の旋回動作方法については 2 種類紹介する。1 つ目の方法は図 4.9 のように片方のモータを停止させ，片方のモータを順転させる。右回転の場合には，右モータを停止させ，左モータを順転させる。左回転の場合には，右モータを順転させ，左モータを停止させる。

　もう一つの旋回方法としては，図 4.10 に示すように片方のモータを順転させながら，もう一方のモータは逆転させる。右回転の場合には，右モータは逆転させ，左モータを順転

2 Hama-Bot の基本動作について

```
右回転
//turnRight
digitalWrite(5, HIGH);     ─ 左モータ順転
digitalWrite(6, LOW);
digitalWrite(10, HIGH);    ─ 右モータ逆転
digitalWrite(11, LOW);
```

```
左回転
//turnLeft
digitalWrite(5, LOW);      ─ 左モータ逆転
digitalWrite(6, HIGH);
digitalWrite(10, LOW);     ─ 右モータ順転
digitalWrite(11, HIGH);
```

図 4.9　Hama-Bot の左右旋回における digitalWrite 関数の組み合わせ 1

させる。左回転の場合には，右モータを順転させ，左モータを逆転させる。片方のモータを停止させる動作に比べると回転半径が小さくなる。

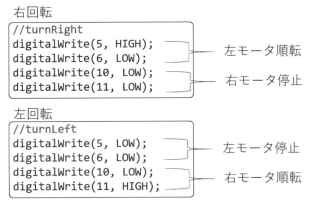

図 4.10　Hama-Bot の左右旋回における digitalWrite 関数の組み合わせ 2

【停止】

停止動作は左右のモータを自然停止の状態にすれば停止する（図 4.11）。

```
//stopMotor
digitalWrite(5, LOW);      ─ 左モータ自然停止
digitalWrite(6, LOW);
digitalWrite(10, LOW);     ─ 右モータ自然停止
digitalWrite(11, LOW);
```

図 4.11　Hama-Bot の停止における digitalWrite 関数の組み合わせ

2.1　基本動作の関数化

リスト 4.6 では基本動作を 1 回ずつ実行している。

116   第 4 章   自作関数と Hama-Bot の制御

```
1   void setup() {
2     pinMode(5, OUTPUT);
3     pinMode(6, OUTPUT);
4     pinMode(10, OUTPUT);
5     pinMode(11, OUTPUT);
6
7     digitalWrite(5, HIGH);
8     digitalWrite(6, LOW);
9     digitalWrite(10, LOW);
10    digitalWrite(11, HIGH);
11    delay(1000);
12    digitalWrite(5, LOW);
13    digitalWrite(6, HIGH);
14    digitalWrite(10, HIGH);
15    digitalWrite(11, LOW);
16    delay(1000);
17    digitalWrite(5, HIGH);
18    digitalWrite(6, LOW);
19    digitalWrite(10, HIGH);
20    digitalWrite(11, LOW);
21    delay(1000);
22    digitalWrite(5, LOW);
23    digitalWrite(6, HIGH);
24    digitalWrite(10, LOW);
25    digitalWrite(11, HIGH);
26    delay(1000);
27    digitalWrite(5, LOW);
28    digitalWrite(6, LOW);
29    digitalWrite(10, LOW);
30    digitalWrite(11, LOW);
31  }
32
33  void loop() {
34  }
```

リスト 4.6   基本動作を 1 回ずつ行うプログラム（BasicMovements.ino）

基本動作は 4 つの digitalWrite 関数の組み合わせにより実行できるが，各動作をそのままプログラムに記述した場合，どの動作を，どの順番で実行しているかわかりにくい。またプログラム中で同一の動作を複数回実行したい場合，その度に 4 行の digitalWrite 関数が追加されていくことになり，プログラムの全体が長く，処理の流れがわかりにくい状態になる。

プログラムは大前提として，分かりやすくなるのであれば，より短く簡潔にした方が良い。

そこでこの先の実習では Hama-Bot の基本動作（前進・後退・右回転・左回転・停止）を関数として定義しプログラム中で扱うことにする。ここで定義する関数は引数や戻り値は必要とせず，シンプルに動作だけ実行する関数とする。基本動作を関数として定義すると図 4.12 のように定義することができる。

```
1   void setup() {
2     pinMode(5, OUTPUT);
3     pinMode(6, OUTPUT);
4     pinMode(10, OUTPUT);
5     pinMode(11, OUTPUT);
6
7     forward();
8     delay(1000);
9     stopMotor();
10    delay(1000);
11
12    forward();
13    delay(2000);
14    stopMotor();
15    delay(2000);
16  }
17
18  void loop() {
19  }
20
21  void stopMotor() {
22    digitalWrite(5, LOW);
23    digitalWrite(6, LOW);
24    digitalWrite(10, LOW);
25    digitalWrite(11, LOW);
26  }
27
28  void forward() {
29    digitalWrite(5, HIGH);
30    digitalWrite(6, LOW);
31    digitalWrite(10, LOW);
32    digitalWrite(11, HIGH);
33  }
```

リスト 4.7　動作関数を使い前進と停止を交互に行うプログラム（ForwardStopMotor.ino）

118 第 4 章 自作関数と Hama-Bot の制御

基本動作関数を使い，前進と停止を 2 回ずつ実行するプログラムはリスト 4.7 のようになる。

【解説】

自作関数の定義は loop 関数の後で行う。定義する関数の順序は特に関係なく，例えば，リスト 4.7 で forward 関数の定義が stopMotor 関数より前にされていても問題ない。定義した関数をプログラム中で実行するには**関数名** (); のような形になる。定義した動作関数は引数を持たないため，**関数名** (); の括弧の中には何も記述しない。関数の全般的な特徴としては，一度，そのプログラム内で定義した関数は何度も実行できるという点である。リスト 4.7 においては，forward 関数と stopMotor 関数をそれぞれ 2 回ずつ実行している。動作関数を使用しない場合，1 つの基本動作を実行するために 4 つの digitalWrite 関数を 1 セットで実行する必要があったが，一度関数として定義してしまえば，その後，何回動作を実行する場合でも 1 行の命令で動作を実行することができる。また，関数名も動作内容が推測できるような名前を付けることで，どの基本動作がどこで実行されているか把握しやすくなる。

2.2 アナログ出力による Hama-Bot の制御調整

ここまで digitalWrite 関数を使い Hama-Bot の動作を実行してきたが，直進や後退の動作を実行しても，真っ直ぐに動作せずに右や左にそれてしまう場合がある。これは主に左右のタイヤの速度差によるもので，ギアボックスの微妙ながたつきや，グリスの塗布状況，モータの個体差などハードウェアに依存する問題である。また各動作を実行するために使用している digitalWrite 関数はデジタル電圧を出力する関数であり，左右のモータをどちらも最大のスピードで制御している状態のため，digitalWrite 関数を使用する限り，左右の速度差を補正し直進性を確保することが難しい。そこで，PWM 方式によるアナログ出力を使いソフトウェアにより左右の速度差を補正する方法を紹介する。

2.3 復習：analogWrite 関数について

ここでは PWM 方式のアナログ出力を実行する analogWrite 関数を使用する。Hama-Bot でモータ制御の出力信号として使用している 5 番ピン，6 番ピン，10 番ピン，11 番ピンはすべて PWM に対応している。PWM で出力する電圧は，1 周期中における High の割合（duty 比）で決定しており，High の割合に応じてモータの回転速度も調整することができる。analogWrite 関数では，ピン番号と duty 比を引数とするが，duty 比は 0〜255 までの整数値で指定する。値を 0 にすると duty 比は 0 ％となり 0 V の電圧が出力され，127 とすれば duty 比は 50 ％となる。255 とすれば，duty 比は 100 ％となり，5 V の電圧を出力した状態となる。このとき 255 を超える値を指定すると，値がオーバーフローし適切な電圧が出力されないので注意が必要である。

2 Hama-Bot の基本動作について　119

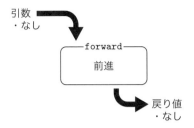

(a) 前進

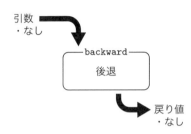

(b) 後退

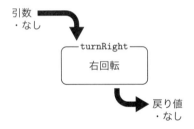

(c) 右回転

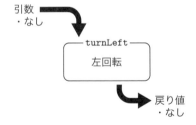

(d) 左回転

(e) 停止

図 4.12　Hama-Bot の基本動作関数定義

120　第4章　自作関数と Hama-Bot の制御

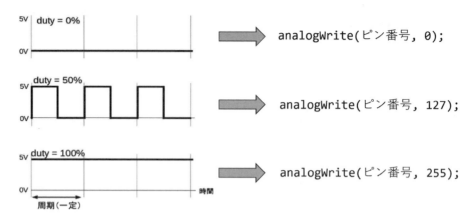

図 4.13　PWM の duty 比と analogWrite 関数

2.4　調整方法の具体例

　digitalWrite 関数を使った直進動作を実行しているにも関わらず左右にそれてしまう場合は，まずは車体がどちらにそれてしまうか観察する。例えば右にそれてしまう場合は左の速度より右の速度が遅くなっている状態である。これ以上，右側の速度を上げることはできないため左モータ出力を analogWrite 関数で調整し，右側の速度に合わせるという処置が必要になる。このときに変更する必要があるのは，左モータに対して5Vの電圧を出力している digitalWrite(5, HIGH); の部分になる。この部分だけを analogWrite 関数に変更し2つ目の引数は High/Low の代わりに 0〜255 までの整数値でスピードを調整する。値が低い場合は，平均的に出力する電圧が低くなり，モータが駆動しなくなる。目安としては 150〜255 までの値で走行状態を何度か確認しながら調整するとよい。

```
28  void forward() {
29  #  digitalWrite(5, HIGH);
30     analoglWrite(5, 230);    // 150〜255の範囲で調整
31     digitalWrite(6, LOW);
32     digitalWrite(10, LOW);
33     digitalWrite(11, HIGH);
34  }
```

図 4.14　アナログ出力を使った直進性の調整例

第 5 章

ラントレースとプログラミングの応用

1　ラントレースとプログラミングの応用

1.1　フォトリフレクタについて

フォトリフレクタは，赤外線 LED とフォトトランジスタが一体となった素子であり，赤外線 LED から出た赤外線の反射をフォトトランジスタで検出することができる（図 5.1）。赤外線 LED とフォトトランジスタは，両方とも極性を持つ素子である。赤外線 LED は，足の長い端子が＋（アノード）であり，フォトトランジスタは，足の短い端子が＋（コレクタ）になるので，回路を組み立てる際は間違えないようにする。

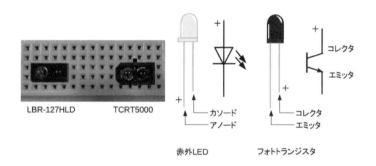

図 5.1　フォトリフレクタ

1.2　フォトトランジスタの動作 1

フォトトランジスタは，赤外線がベースに入射するとコレクタ – エミッタ間に電流が流れる素子である。ここではフォトトランジスタを，ベースに入射した赤外線によってコレクタ – エミッタ間が ON/OFF するスイッチだと考えて回路の動作を理解していく（図 5.2）。フォトトランジスタのベースに赤外線が入射すると（赤外線を検知した状態），コレクタ – エミッタ間に電流が流れスイッチ ON の状態になる。反対にベースに赤外線が入ってこない状態（赤外線を検知しない状態）はスイッチ OFF の状態になる。フォトトランジスタ

は，スイッチのように振る舞うので，そのON/OFFをArduinoが認識するためには，プルアップ回路またはプルダウン回路を使用する．

図5.2　フォトトランジスタのスイッチ動作

1.3　フォトリフレクタの使用方法

フォトリフレクタ（LBR127HLD, TCRT5000等）の検出範囲は，概ねセンサから約1cm以内にある物体の反射である．そのため離れた物体を認識することはできないが，近距離の物体からの反射を正確に読み取ることができる．ここでは，その特徴を活用してラインの検出に利用する．使用する回路を図5.3に示す．赤外線LEDと直列に接続されている抵抗は，赤外線LEDに流す電流の大きさを決める働きをしている．抵抗の片側が電源とつながっているので，赤外線LEDには常に電流が流れ，発光している．フォトトランジスタ側には，プルアップ回路を利用している．また，フォトトランジスタのコレクタは，保護抵抗を介して入力ピンと接続されている．

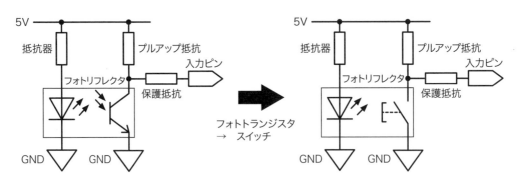

図5.3　フォトリフレクタ回路図

```
1  const int pin = 2;
2
3  void setup() {
4    Serial.begin(9600);
5    pinMode(pin, INPUT);
6  }
7
```

```
 8   void loop() {
 9     int val = digitalRead(pin);
10     Serial.print("val = ");
11     Serial.println(val);
12   }
```

リスト 5.1　フォトリフレクタの動作確認（デジタル入力）（checkDigital.ino）

【解説】

リスト 5.1 にフォトリフレクタの動作確認（デジタル入力）のためのプログラム例を示す。2 番以外の入力ピンを使う場合は，プログラムを変更する。digitalRead 関数を使って，ピンの状態を読み取っている。赤外線 LED から発した赤外線の反射がフォトトランジスタのベースに届くと，フォトトランジスタのコレクタ – エミッタ間に電流が流れスイッチ ON の状態になる。そのとき，入力ピンのデジタル状態は「0」となる。

【習得すること：ハード】

- フォトリフレクタについて（LBR127HLD，TCRT5000）

  フォトリフレクタは，赤外線 LED を発光させ，その反射の有無をフォトトランジスタで検出するセンサである。動作のチェック時には，次の 2 点を注意する。1 つは，フォトリフレクタが検出できるのは，センサから約 1cm 以内の物体からの反射であること，もう 1 つは，フォトトランジスタは，環境光の影響を受けることである。センサが，離れた物体を認識していると思われる場合は，認識している光が，赤外線 LED からの反射光か，環境光かを区別すること。認識しているのが，赤外線 LED からの反射ではなく，環境光である可能性も考慮に入れる。LBR127HLD や TCRT5000 は，赤外線 LED を発光させずに，フォトトランジスタを手で覆うだけでも，環境光の増減で入力の値が変動する場合がある。

```
 1   const int pin = A0;
 2
 3   void setup() {
 4     Serial.begin(9600);
 5   }
 6
 7   void loop() {
 8     int val = analogRead(pin);
 9     Serial.print("val = ");
10     Serial.println(val);
11   }
```

リスト 5.2　フォトリフレクタの動作確認（アナログ入力）（checkAnalog.ino）

【解説】

リスト 5.2 にフォトリフレクタの動作確認（アナログ入力）のためのプログラム例を示す。フォトリフレクタは，赤外線 LED から発射された赤外光の反射を，フォトトランジスタで読み取るセンサである。デジタル入力を利用する場合，フォトトランジスタは，赤外光の入射により ON-OFF が切り替わるスイッチであると仮定した。しかし，実際には，フォトトランジスタは，ゲートに入射する赤外光の増減によって，コレクタ‐エミッタ間に流れる電流が連続的に増減する。そのため，入力ピン（フォトトランジスタのコレクタ）の電圧も，連続的に変化するので，入力ピンの電圧をアナログ入力で読み取ることが可能となる。このプログラムは，アナログ入力を使って入力ピンの電圧を読み取り，その値をシリアルモニタに表示するものである。入力ピンはアナログ入力 A0 と接続する。A0 以外のピンを使う場合は，プログラムも変更すること。プログラムを実行し，シリアルモニタに表示される値を確認する。このとき，センサを床の上から黒いテープまで，様々な物の上にかざして，センサの値が変化する範囲を観察してみる。

2　ライントレース

ロボットをラインに沿って動作させるライントレースを行う。

2.1　センサの配置

フォトリフレクタを使って，ラインを検出する。ラインは黒色テープを使用することで，ライン上では赤外線が吸収されるため反射が小さくなりスイッチ OFF の状態になる。ここでは 2 個のフォトリフレクタを，ラインを挟む位置に配置しラインを読み取っていく。なお，実際にライントレースロボットを製作する場合，ライントレースを行うコースや製作するロボットの形状から，センサの個数およびセンサの配置場所を検討する必要がある。

2.2　ロボットの姿勢と動作

センサの出力とロボットの状態から，そのときの動作を考える（図 5.4）。ロボットが常にラインと平行となるように（基本ポジション），ロボットを動作させる。ロボットが基本ポジションのとき，ラインに沿って動作するには前進すればよい。もし，ロボットがラインに対して左に傾いた場合，右側のセンサが黒ラインを検知する。このとき，基本ポジションに戻るためには，ロボットのフロントを右側に向ける必要がある。すなわちロボットは右回転の動作を行う。実習では，右回転・左回転の動作は，その場回転の動作（ロボットの両輪が回転する動作）であるが，オリジナルロボットを製作してライントレースを行う場合は，片輪のみを回転させる方法なども試して最適なものを採用するとよい。

 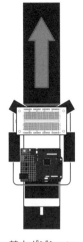 

右：黒ライン検知　　　　基本ポジション　　　　左：黒ライン検知

図 5.4　姿勢と動作

2.3　プログラムの構成

　プログラムに最低限必要な機能は，センサの情報（値）を読み取る機能，読み取った情報から動作を振り分ける機能である．さらに，センサの値をシリアルモニタに表示する機能も追加できれば，センサの動作チェック時に役立つ．プログラムの構成を図 5.5 に示す．選択構造には，if 文を使ってセンサの条件によりロボットの動作を振り分けていく．さらに，ここからはプログラム作成時には，プログラムの汎用性についても考慮するよう心掛ける．例えば，センサに利用する入力ピンを直接数字で記述せずに，定数 const や#define で定義する．もし入力ピンを変更する場合，定義部分を変更するだけでよい．後々変更が生じる可能性がある部分は，容易に変更できるようにしておく．

```
変数，定数等宣言

void setup() {
  初期設定
    pinMode関数，Serial.begin関数
}

void loop() {
  センサの情報（値）を取得
    digitalRead関数，analogRead関数
  センサの値を確認
    Serial.print関数
  ┌─ 選択構造 ─────────────┐
  │ センサの値によって動作を振り分ける │
  └────────────────────┘
}
```

```
┌─ 選択構造 ──────────────┐
│ 左右のセンサが両方白なら         │
│   動作1                  │
│ 左センサが白，右センサが黒なら     │
│   動作2                  │
│ 左センサが黒，右センサが白なら     │
│   動作3                  │
│                          │
│ （必要があれば追加）          │
│ 左右のセンサが両方黒なら         │
│   動作4                  │
└──────────────────────┘
```

図 5.5　プログラムの構成

126   第5章　ライントレースとプログラミングの応用

2.4　デジタル入力とアナログ入力を使ったライントレース

　動作を除いた選択構造部分をリスト 5.3 およびリスト 5.4 に示す。初期設定および条件に応じた動作を追加するとプログラムが完成する。左右共に黒の場合の動作が必要となる場合は，各自追加すること。

```
// デジタル入力を利用した場合のif 文
if (Lin == 0 && Rin == 0) {
  // forward

} else if (Lin == 0 && Rin == 1) {
  // right

} else if (Lin == 1 && Rin == 0) {
  // left

} else if (Lin == 1 && Rin == 1) {
  // 左右センサが共に黒の場合の動作

}
```

リスト 5.3　ライントレースの選択構造部分（デジタル入力）

```
// アナログ入力を利用した場合のif 文
// 白黒を判定する「閾値」を 300とした場合
if (Lin < 300 && Rin < 300) {
  // forward

} else if (Lin < 300 && Rin > 300) {
  // right

} else if (Lin > 300 && Rin < 300) {
  // left

} else if (Lin > 300 && Rin > 300) {
  // 左右センサが共に黒の場合の動作

}
```

リスト 5.4　ライントレースの選択構造部分（アナログ入力）

課題：ライントレースを行いながら，交差点のあるコースを 1 周するプログラムを作成しよう。上記プログラムに交差点での動作を追加する。なお，交差点では前進すること。

3 発展：交差点のカウント

　交差点のあるコースを使って，ライントレースを行う。ロボットは通過した交差点の数をカウントしながら，ライントレースを行うものとする。ここでは，交差点をカウントする方法として，whileループを使ったスイッチカウントプログラムと同様の考え方を利用する。図5.6において，プルアップ回路を用いたスイッチを使用する場合では，ピンが①→②→③の状態になったとき，スイッチが押されたと判断してカウントを行った。ラインセンサを使う場合も同様に考えて，ピンが①→②→③の状態になったときに，交差点を通過したと判断し交差点の数をカウントする。

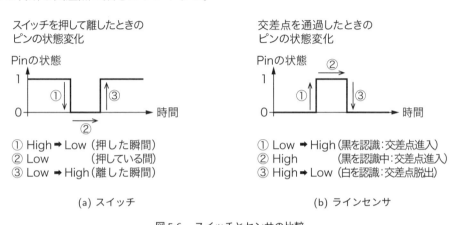

図5.6　スイッチとセンサの比較

3.1　交差点通過プログラムの考え方
第1段階　交差点通過時の動作を順番に並べる。
　以下の①～③の動作を1回行うと，1つの交差点を通過したと判断してカウントを行う。
①ロボットが交差点に進入→②交差点を通過中→③交差点を脱出

第2段階　センサから得られる情報とロボットの状態を結び付ける
　ロボットが外部の世界を認識する手段は，センサからの情報だけである。次に，①～③の状態とセンサからの情報を結び付けていく。
① ロボットが交差点に進入
　　センサ情報：左右のセンサが黒を認識
② ロボットが交差点を通過中
　　センサ情報：左右のセンサが黒を認識した状態を維持
③ ロボットが交差点を脱出
　　センサ情報：片方のセンサが白を認識（＝左右のセンサが共に黒ではない）
　②の状態（交差点通過中）から③の状態（交差点を脱出）に移ったか否かは，センサの状態で判定する。すなわち，②の状態の間はセンサの情報を読み取り続ける必要がある。

128   第5章　ライントレースとプログラミングの応用

第3段階　プログラムを考える

通過した交差点の数を保存する変数（例えば c など）を準備する。リスト 5.5 に選択構造部分の骨格を示す。これを，全体のプログラムに追加して，交差点をカウントするプログラムを作成しよう。ただし，交差点通過中には，センサの情報を読み取る処理，前進する処理が必要であるので追加しておくこと。

```
// 交差点のカウント　デジタル入力を使った場合のif 文骨格
if (Lin == 0 && Rin == 0) {
  // forward
} else if (Lin == 0 && Rin == 1) {
  // right

} else if (Lin == 1 && Rin == 0) {
  // left

} else if (Lin == 1 && Rin == 1) {   // ① ロボットが交差点に進入
  while (Lin == 1 && Rin == 1) {   // ② ロボットが交差点を通過中
    // 交差点通過中は前進しながらセンサを読み取る
    // Lin と Rin の値を更新するため，センサを読み取る命令を追加すること
    // forward
  }
  c++;                       // ③ ロボットが交差点を脱出　変数を+1
}
```

リスト 5.5　交差点のカウント（選択構造部分）

ロボットの調整

ライントレースが上手くいかない場合は，以下に挙げた点を改善してみる。

- ロボットの直進性について

  何もない所でロボットを前進させたとき，大きく左右に傾いて進む場合は，ロボットの直進性を改善させよう。原因は，左右の車輪の速度差が大きいことにあるので，速く回転している側のモータを遅くすることで，左右の速度をできるだけ等しくする。

- センサの位置について

  左右のセンサ間隔は，ライン幅+ α 程度が良い。この間隔が狭すぎると直角等のコーナーが曲がりずらくなり，反対に広すぎるとトレース時の首振り動作が大きくなり交差点でコースアウトしやすくなる。センサの位置を数 mm 程度動かすだけで動作が大きく改善される場合がある。左右個別に微調整すること。

- 交差点の脱出判定について

  交差点でのカウントが上手くいかない場合は，交差点の脱出判定を変更してみると良い。

交差点の脱出判定は,while 文の条件により決まり,「`while (Lin == 1 && Rin == 1)`」を「`while (Lin == 1 || Rin == 1)`」に変更することで，脱出判定を厳しくすることができる（条件内の論理積「`&&`」を論理和「`||`」に変更している）。

課題：交差点をカウントしながら，ライントレースを行うプログラムを完成させる。動作を確認するため，5つ目の交差点でロボットを停止させよう。

　動作を確認するとき，ロボットをスタート位置に置いてからリセットボタンを押すこと。最初からプログラムを実行しないと，交差点の数が正しくカウントできない場合がある。カウント動作が不安点な場合，カウントを確認するプログラムを追加するとよい。

- 停止の処理

  ロボットの動作を停止させるには，自然停止またはブレーキによってモータの回転を停止させると良い。ただし，loop 関数は繰り返し実行される関数であるので，モータをストップさせた後，再び loop 関数が実行されると，モータが回転し始める場合がある。その対処法として，無限ループを使って処理を終える方法を紹介する。モータを停止させた後に，何も処理を行わない無限ループを追加することで，処理を完全にストップさせる（実際には何もしない処理を繰り返している）。無限ループは，for 文，while 文を使って図 5.7 のように記述できる。

```
// for 文を使った無限ループ（条件のない for 文）
for (;;) {}

// while 文を使った無限ループ（条件が 1 の while 文）
while (1) {}
```

図 5.7　無限ループの記述例

4　発展：アナログ入力の利点

　ここでは例としてフォトリフレクタを取り上げ，アナログ入力が利用できるセンサを使う場合の利点を紹介する。

　デジタル入力では，フォトリフレクタから得られる情報は 0 と 1 の 2 通りであるため，黒いテープを認識したか否かの 2 通りの判断のみが可能であった。それに対してアナログ入力では連続的にセンサから値を得ることができ，このことが幾つかの利点につながる。以下に主な利点を紹介する。なお，ここではフォトリフレクタを例として取り上げているが，入力の変化に対して出力が連続的に変化するようなセンサについては，同様の考え方ができる。

- 得られた値の増減を観測することで，ロボットが黒いテープに近づいているの

130 第5章 ライントレースとプログラミングの応用

か，遠ざかっているのかについても認識することができる。発展的な内容となるが，Web サイト等には，センサ値の増減からモータの回転速度を制御する PID（Proportional-Integral-Differential）制御についても紹介されている。

- センサから読み取った値に対し，データ処理が可能となる。入力を読み取っている最中にノイズなどにより予期しない測定値が観測されることがある。対処法としてノイズの影響を軽減するスムージングと呼ばれる処理が可能となる。スムージングの例として測定値を複数回読み取り，その平均を利用する方法や中央値を利用する方法がある。

- アナログ入力で得た情報から対象物が何かを判断する場合，その判断基準（例えば，黒テープを認識しているか否か等）となる閾値を状況に応じて設定する。例えばライントレースを行う場合，会場の明るさ，コースに使われている素材の色合いなどによって閾値を設定する。

【アナログ入力使用時に役立つ関数】

- map 関数　　使い方：map(入力値，変換前最小値，変換前最大値，変換後最小値，変換後最大値)；
  センサ等から取得した入力値を指定した範囲の値に変換する働きがある。変換後の範囲外である入力値は，変換されずに，そのまま出力される。map 関数の使い方を図 5.8 に示す。

- constrain 関数　　使い方：constrain(入力値，指定最小値，指定最大値)；
  値を指定した範囲内に収める。指定範囲内の入力値は，そのまま出力され，指定範囲外の入力値は，指定最小値もしくは指定最大値が出力される。

```
int sensorVal = analogRead(A0);

// 使用例1　読み取ったセンサーの値 0〜1023を 0〜255の範囲に変換する
sensorVal = map(sensorVal, 0, 1023, 0, 255);

// 使用例2　読み取ったセンサーの値 0〜1023を反転させる
sensorVal = map(sensorVal, 0, 1023, 1023, 0);
```

図 5.8　map 関数の使い方

4.1　まとめ

ライントレースを通して，自律制御型ロボットとして動作するプログラムを作成した。このような自律制御型ロボットには，2 つの要素を必要とする。1 つ目は，ロボットが外部の世界を認識することである。そのためには，ハードウェアとしてセンサが，ソフトウェ

ア（プログラム）として，デジタル入力・アナログ入力の概念と使い方が必要である．2つ目は，外部世界の情報を認識した後，その情報を判断しロボットの動作に結び付ける選択構造である．

今後，オリジナルロボットを製作する場合には，外部の世界を認識して，その情報に基づいて判断することのできる自律制御型ロボットを目指すよう努める．

5 その他の機能紹介
5.1 デジタル入力時の内部プルアップ

Arduino UNO R4 に搭載されているマイクロコントローラ RA4M1 には，内部プルアップの機能がある．内部プルアップとは，ピンを電源電圧に引っ張り上げるプルアップ抵抗がマイコン内部に存在することである（図 5.9）．内部プルアップ抵抗には，スイッチの役割をする pMOS が直列につながっている．普段，このスイッチは OFF であるが，内部プルアップが有効になるとスイッチが ON となり，ピンが抵抗を介して電源とつながった状態となる．例としてスイッチを使用する場合，内部プルアップを有効にすると，ピンにスイッチを接続するだけでプルアップ回路が実現できる．内部プルアップ機能を使用する場合は pinMode 関数で「INPUT_PULLUP」を指定する．

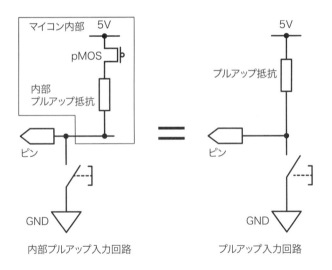

図 5.9　内部プルアップ回路

【習得すること：プログラム】
- pinMode 関数　　使い方：pinMode(ピン番号, INPUT_PULLUP);
  ピン番号で指定されたピンの内部プルアップを有効にする．内部プルアップが有効になると，マイコン内部にある pMOS スイッチが ON になる．そのため，ピンにスイッチを接続するだけで，プルアップ回路が利用できる．

5.2 割り込み機能

Arduino のプログラムは，setup 関数を実行し，その後 loop 関数を実行し続けるという 1 つの流れで処理が行われている。そのため不定期に起こる事象に対処するためには工夫が必要となり，プログラムの作成が困難になる。Arduino には，不定期に処理を実行させる割り込みという機能が準備されている。割り込みはプログラムの流れを一度中断させ，そこに割り込んで処理をおこなう機能になる。Arduino では，ピンの状態が変化した場合に割り込みを発生させることができる。

【解説】

割り込みを使って，LED の点灯/消灯を切り替える。図 5.10 の回路において，スイッチの ON/OFF により LED の点灯/消灯を切り替える。リスト 5.6 に割り込み処理による LED の点灯・消灯プログラムを示す。

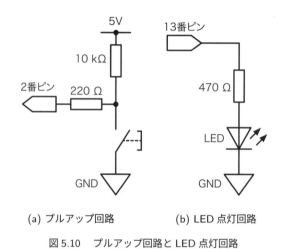

(a) プルアップ回路　　　　(b) LED 点灯回路

図 5.10　プルアップ回路と LED 点灯回路

```
1   const int led = 13;
2   volatile boolean ledState = false;
3
4   void setup() {
5     pinMode(led, OUTPUT);
6     attachInterrupt(digitalPinToInterrupt(2), toggle, FALLING);
7   }
8
9   void loop() {
10  }
11
12  void toggle() {
13    ledState = !ledState;
14    if (ledState) {
```

```
15      digitalWrite(led, HIGH);
16    } else {
17      digitalWrite(led, LOW);
18    }
19  }
```

リスト 5.6　割り込み処理による LED の点灯・消灯（InterruptLed.ino）

2 番ピンにつながっているスイッチを押すと，割り込みが発生し toggle 関数が呼び出される。その結果，LED の点灯/消灯が切り替わる。loop 関数の中身が空であることに注意する。ここに新たにコードを追加すると，その処理が実行され，その最中に割り込みが発生した場合に toggle 関数が実行される。

【習得すること：プログラム】

- attachInterrupt 関数　使い方：`attachInterrupt(割り込み番号, 関数, 条件);`
  割り込みを設定する働きがあり，ピンの状態が変化した場合に，あらかじめ登録しておいた関数を実行することができる。割り込みには，割り込み番号が必要となるが，これは次に説明する digitalPinToInterrupt 関数を利用して設定する。関数には，割り込み発生時に実行される関数の名前を指定する。ただし，この関数は，引数と戻り値を持たない関数であること。条件には，割り込みが発生する場合の条件を指定する。条件は，指定したピンの状態変化にあわせて下記の 4 種類がある。
  `LOW`：　ピンが Low の場合
  `RISING`：　ピンが Low から High に変化した場合
  `CHANGE`：　ピンの状態が変化した場合
  `FALLING`：　ピンが High から Low に変化した場合
  プルアップ回路の入力ピンは，スイッチ OFF の場合 High，ON の場合は Low となるので，条件に `FALLING` を指定し，スイッチが押された場合に割り込みを発生させている。
- digitalPinToInterrupt 関数　使い方：`digitalPinToInterrupt(ピン番号);`
  指定したピン番号を，対応する割り込み番号に変換する働きがある。Arduino UNO の場合，割り込みに指定できるピンは，2 番ピンと 3 番ピンだけである。それ以外のピンを指定した場合は正しく動作しないので注意する。
- boolean 型
  boolean 型変数は，`true`，`false` の状態を保持できる変数である。プログラムでは，LED の状態と `true`，`false` を対応させている。LED が点灯の場合 `true`，消灯の場合 `false` となる。
- volatile 型修飾子
  変数の値を直接 RAM から読み取るように指示するオプションである。割り込み処

134 　第 5 章　ライントレースとプログラミングの応用

理の中で値が変わる変数は，`volatile` を付けて宣言する。

- `ledState = !ledState`

  `!`は論理の否定を表す演算子である。`=`は右辺を左辺へ代入する働きがあり，`ledState` の論理を否定してから，`ledState` に代入している。すなわち，`ledState` が `true` なら `false`，`false` なら `true` になる。

- 割り込みに指定する関数について

  割り込みが発生した場合に実行する関数には，幾つかの制約事項があるので注意する。例として割り込み関数内では，delay 関数や millis 関数は正しく動作しないため使わないこと。

5.3　配列について

配列は，一つの名前でアクセスされる変数の並びになり，データの集まりを取り扱うのに適している。配列へは添え字（インデックス）でアクセスし，配列の中のそれぞれの変数を配列要素と呼ぶ。配列も変数と同じく宣言してから使用する。宣言方法は，型　配列名 [要素数] となる。

- 配列の宣言と初期化

```
int data[5] = {0, 1, 2, 3, 4};
```

名前が data で，整数型の要素を 5 つもつ配列を宣言している。配列の添え字は 0 から始まるので，これは，data[0], data[1], data[2], data[3], data[4] の 5 つの要素を持つ配列となる。添え字は，大括弧（[]）で囲む。配列に初期値を与えるには，中括弧（{}）に値のリストを指定する。値のリストとは値をカンマで区切ったものになり，ここでは data[0] の値は 0，data[1] の値は 1，data[2] の値は 2，data[3] の値は 3，data[4] の値は 4 となる。

- 配列にまとめて値を代入する

```
for (int i = 0; i < 5 ; i++) {
  data[i] = 0;
}
```

for 文を使って配列にまとめて値を代入している。ここでは，配列 data の各要素に 0 を代入している。

配列を使用する際の注意点として，コンパイル時に配列の添え字の範囲はチェックされないため，存在しない要素にアクセスしないこと。存在しない配列要素にアクセスすると，プログラムがクラッシュする場合があるので注意する。

5　その他の機能紹介　　*135*

5.4　異なるデータ型の取り扱い

　整数型と実数型の変数を組み合わせて割り算を計算し，結果をシリアルモニタに表示させる。

- 整数型どうしの演算

```
int a = 10;
long b = 3;

void setup() {
  Serial.begin(9600);
}

void loop() {
  Serial.println(a / b);
}
```

　整数型どうしの演算は，大きい方の型に統一されてから計算される。C 言語では，変数の型の大小が定義されており，int 型と long 型の演算の場合，long 型に統一されてから計算が行われる。シリアルモニタには，3 と表示される。

- 整数型と実数型の計算

```
int a = 10;
float b = 3;

void setup() {
  Serial.begin(9600);
}

void loop() {
  Serial.println(a / b);
}
```

　整数型と実数型の演算では，実数型の方が型が大きいため実数型に統一されてから計算される。シリアルモニタには 3.33 と表示される。Serial.print 関数は，小数点以下 2 桁の表示がデフォルトとなっている。

- 定数と整数型の計算 1

```
int b = 3;
void setup() {
```

136 第5章 ライントレースとプログラミングの応用

```
    Serial.begin(9600);
 }
void loop() {
  Serial.println(10 / b);
}
```

整数型どうしの計算となるため，シリアルモニタには3と表示される。

- 定数と整数型の計算2

```
int b = 3;

void setup() {
  Serial.begin(9600);
}

void loop() {
  Serial.println(10.0 / b);
}
```

10.0は実数型となるため，実数型に統一されてから計算される。シリアルモニタには3.33と表示される。

- 変数への代入について1

```
int a = 10;
float b = 3;

void setup() {
  Serial.begin(9600);
}

void loop() {
  int answer = a / b;
  Serial.println(answer);
}
```

=は，右辺を左辺に代入する働きがある。ここでは，整数型と実数型の演算結果を，整数型の変数 answer に代入している。左辺の型が右辺の型より小さい場合，データが消失するので注意する。例では，右辺は実数型，左辺は整数型であるため，代入時にデータの損失が発生している。シリアルモニタには，3と表示される。

- 変数への代入について 2

```
int a = 10;
float b = 3;

void setup() {
  Serial.begin(9600);
}

void loop() {
  float answer = a / b;
  Serial.println(answer);
}
```

整数型と実数型の演算結果を，実数型の変数 answer に代入している．右辺は実数型，左辺も実数型となるため，代入時のデータの損失は発生しない．シリアルモニタには，3.33 と表示される．

6 各種センサの使い方

6.1 超音波センサ

図 5.11 の SHARP 製 GP2Y0A21 は，赤外線の出力部と受光部を持ち，3 本の端子（5 V，GND，Vout）を有するセンサである．出力部から照射された赤外線は物体にあたると反射する．その反射光が受光部で検出されると，物体までの距離に応じた電圧が，Vout 端子から出力される．図 5.12 に Vout と距離の関係グラフを示す．物体との距離が近づくにつれ

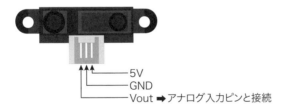

図 5.11　SHARP 製 赤外距離センサ GP2Y0A21

電圧 Vout は大きくなるが，距離が近すぎると Vout は急激に低下する．そのため，データシート [2] によると GP2Y0A21 の測定できる距離は 10〜80 cm までとなっている．

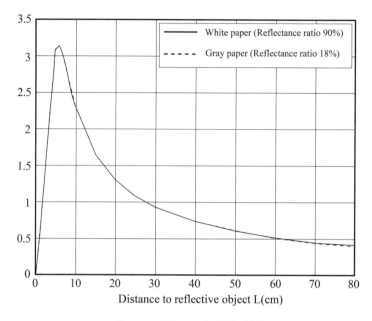

図 5.12　電圧 Vout と距離の関係

```
1   const int irSensor = A0;
2
3   void setup() {
4     Serial.begin(9600);
5   }
6
7   void loop() {
8     int val = analogRead(irSensor);
9     if (val < 4) val = 4;
10    int distance = 6787 / (val - 3) - 4;
11
12    Serial.print("val = ");
13    Serial.print(val);
14    Serial.print("  distance = ");
15    Serial.println(distance);
16    delay(100);
17  }
```

リスト 5.7　赤外距離センサを用いた距離の計測（GP2Y0A21.ino）

【解説】
　リスト 5.7 に赤外距離センサを用いた距離の計測プログラムを示す。距離センサの出力をアナログ入力で読み取り，距離に変換し，シリアルモニタに表示させる。analogRead 関

数を使えば，距離センサからの出力電圧を読み取ることができる．プログラムでは，読み取った電圧を変数 val に，距離を変数 distance に保存している．読み取った電圧を，距離に変換するには，何らかの計算が必要である．ここでは，変換式を利用して電圧を距離にしている．ただし，val の値が 3 になると，変換式の中で 0 の割り算が発生するので，val の値が 3 より小さい場合は val を 4 にしている．

6.2 超音波センサ

超音波センサ HC-SR04 を使って，物体を検知する（図 5.13）．超音波センサとは，人間の耳には聞こえない高周波の音を利用するセンサである．HC-SR04 の場合は，40 kHz の超音波を発射し，その反射を受信することで，物体の有無を検知でき，さらに，発射した超音波が返ってくるまでの時間を計測することで，物体までの距離も測定できる．測定可能な範囲は，2〜400 cm となる．

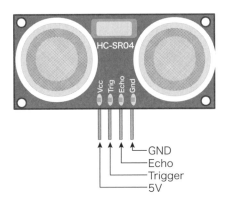

図 5.13　超音波センサ HC-SR04

```
1  const int Trig = 6;
2  const int Echo = 7;
3
4  void setup() {
5    Serial.begin(9600);
6    pinMode(Trig, OUTPUT);
7    pinMode(Echo, INPUT);
8  }
9
10 void loop() {
11   unsigned long time = 0;
12   digitalWrite(Trig, HIGH);
13   delayMicroseconds(10);
14   digitalWrite(Trig, LOW);
```

140 第 5 章　ライントレースとプログラミングの応用

```
15
16    time = pulseIn(Echo, HIGH);
17    Serial.print("time = ");
18    Serial.print(time);
19    Serial.print("   cm = ");
20    Serial.println(time / 58);
21    delay(100);
22  }
```

リスト 5.8　超音波センサを用いた距離の計測（HC-SR04.ino）

【解説】

　リスト 5.8 に超音波センサを用いた距離の計測プログラムを示す。超音波センサを使って，物体までの距離を計測し表示している。超音波センサの Trigger は 6 番ピン，Echo は 7 番ピンと接続している。Trigger ピンに 10 μs のパルスを出力し，pulseIn 関数を使って Echo ピンに発生するパルスの幅を取得している。

【習得すること：ハード】

- 超音波センサ：HC-SR04 について

　HC-SR04 には，4 本の端子（Vcc, GND, Trigger, Echo）がある。電源ピンが，Vcc と GND になり，Vcc は 5 V，GND は Arduino の GND（0 V）と接続する。Trigger と Echo は，Arduino のデジタルピンにそれぞれ接続する。超音波センサを動作させるためには，まず Trigger ピンに 10 μs のパルス信号を与える。このパルス信号がスタートの合図（トリガ）となり，センサから超音波が出力される。このとき，超音波の出力と同時に Echo ピンは Low から High になり，超音波の反射が返ってくるまで High 状態を維持する。出力した超音波の反射が返ってくると，Echo ピンが High から Low に戻る。すなわち，Echo ピンが High 状態であった時間が，発射した超音波が戻ってくるまでの時間になる。音速と超音波が戻ってくるまでの時間から，物体までの距離が計算できる。室温における音速を 340 m/s，超音波が戻ってくるまでの時間を time として，物体までの距離を計算しよう。その計算結果を踏まえて，プログラム中の time / 58 の意味を考える。超音波を出力してから，次の超音波を出力するまでの時間は，データシートによると 60 ms 以上の間隔を空ける必要がある。そのため，loop 関数の最後に delay(100); を追加している。

【習得すること：プログラム】

- pulseIn 関数　　使い方：pulseIn(ピン番号，状態);

　pulseIn 関数は，ピン番号で示すピンに発生するパルスの幅（時間）を計測する関数である。状態には，計測したいパルスの状態（High/Low）を指定する。ここでは，

Echo ピンからは，High のパルスが出力されるので，HIGH を指定している。pulseIn 関数が実行されると，測定したパルスの時間が戻り値として返ってくる。その戻り値のデータ型が，unsigned long 型であるので，戻り値を受け取る変数のデータ型も unsigned long 型にしている（unsigned long time = 0 の部分）。

第 III 部

Hama ボード製作実習

第1章

製作活動における安全とレポート

- この実習の内容
  - 【安全教育】製作活動を安全に遂行するために必要な安全に関する知識を学ぶ
  - 【レポート作成技法】製作活動をまとめるために必要な知識と技術を学ぶ

1 製作活動を安全に遂行するために必要な安全に関する知識

　大学の実験・実習や研究活動に限らず日常生活のあらゆる場面（例えば自転車などの車両運転時，調理の時，掃除の時など）で，危険性を伴う作業は数多くある。自分自身や周りの人の身を守るため，事故や災害を未然に防ぐことは大切である。トラベラーズ損害保険（米国最大の保険会社で現トラベラーズ）のエンジニアであったハーバート・ウィリアム・ハインリッヒ（Herbert William Heinrich）は勤務する保険会社が保有する膨大な事故事例，事故データを統計的に分析し，産業事故に関する3つの重要な法則を提唱した。[3]

- 「Rule of Four」 – 産業災害が発生した場合，会社は被災労働者への補償額の4倍に相当するコスト（間接的または付随的，あるいは隠されたコスト）を負担することになる（レポート "Incidental Costs of Accidents to the Employer" 1926 年）。
- 「88：10：2 の法則」 – 事故事例の98%（88%は従業員の不注意，10%は労働環境上の問題に起因）は回避可能なものであり，2%は避けがたいもの（"Acts of God"）である（レポート "The Origins of Accidents" 1929 年）。
- 「300：29：1 の法則」 – 1件の重大事故の背後には29件の軽微な事故があり，更にその背後には300件のヒヤリ・ハット事故（事故には至らなかったもののヒヤリとした，ハッとした事例がある（レポート "The Foundations of a Major Injury" 1929 年）。

　ハインリッヒの3つの法則のうち，最後の「300：29：1 の法則」は特に有名であり，ハインリッヒの法則と呼ばれ災害防止の指標として広く知られている。図1.1 にハインリッヒの法則をモデル的に表したものを示す。

　ハインリッヒの分析によると，事故の98%は回避可能（すなわち予防可能）である。事故は多くの原因が重なって起きるため，原因を可能なものから順次取り除いてやれば事故は起きにくくなる。図1.1 からヒヤリ・ハットをなくせば，軽微な事故がなくなり，結果

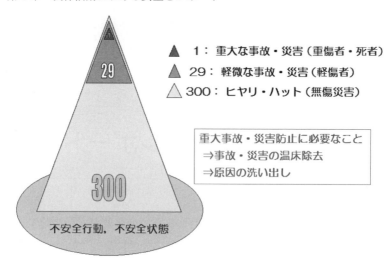

図 1.1　ハインリッヒの 300 対 29 対 1 の法則の説明図 [3,4]

として重大事故を回避できる可能性があることがわかる。ヒヤリ・ハットはどこにも潜んでいるが，特に，何も考えない，これくらいなら大丈夫だろうという根拠のない自信や皆も同じようにやっているという同調感からの行動時によく現れてくる。ヒヤリ・ハットの時点で事故事例を分析し，原因を究明し対策をとることにより，背景にある「不安全行動」や「不安全状態」といった事故・災害の温床を取り除くことができる。その結果として，軽微な事故や重大事故を未然に防止することにつながる。

　ハインリッヒによると災害防止は，「組織編制」「事実の発見」「解析」「改善方法の選定」「改善方法の適用」の 5 つの段階を経て達成されると説いている。[5] ここでは，ハインリッヒの考えに基づき，「予知・予防」「対処」「分析・対応」の三項目についてグループ討論を通して，事故防止についての心構えを身に着ける。ささいな取り組みではあるが，事故の発生を抑えるためには不可欠である。

1.1　予防・予知

　作業や活動に際して，「どんな危険性が潜んでいるか」を事前に考え，事故の発生を未然に防ぐ手立てを講じること。実習では，「4S 活動」と「KY 活動」をそれぞれ行う。

1) 4S 活動

　「4S」とは，「整理」「整頓」「清潔」「清掃」をローマ字表記した時の頭文字をまとめたものであり，これらの行動様式を徹底する活動を「4S 活動」と呼ぶ。この活動は，不安全状態を改善し作業を安全で衛生的に，効率的に行うために励行すべき基本の取組みとなるので，実習前後で各自，あるいはグループ単位で励行すること。

- 整理
  実習テーブルの上の個人所有物や物品について，実習中に必要なものと必要でない

ものに分け，不要なものはロッカー等に移動させる。不要なものがテーブルの上や床に置かれていると，作業の安全性が低下したり，作業の流れが悪くなったりする。また，床に物品を放置すると，つまずいて転倒したりして危険であるので床にはかばんなどの物品を置かない。

● 整頓

部品，工具，器具など，実習に用いたものは作業終了時には使いやすいように，「片付けシート」を参考に分かりやすく収納する。同じ部品，工具がいくつもある場合，向きをそろえて収納する。刃物類は刃先を閉じておく。収納が悪く，作業中に必要な部品や工具を絶えず探さなければならない状態に置かれると，作業の能率が下がる。また，壊れている部品や破損した器具・工具を発見した場合，担当者に直ちに報告し補充しておく（放置は事故発生の原因となる）。

● 清潔

使用後の工具や機器は汚れを取り除いてきれいにする。設備・器具の正常な機能を維持するためにも必要である。また，実習が終了したら手洗いを励行する（無意識に薬品，重金属等に接触している場合があるため）。

● 清掃

施設・設備，実習テーブル周り，床などの汚れやゴミを除去する。特に，床が濡れている場合，すぐに拭き取るとともに周囲に注意を喚起する（転倒防止）。また，薬品類の廃液は流しに捨てず，決められた容器内に回収する。

2) 危険予知活動（KY 活動）

人間は誰でも，つい「ウッカリ」したり，「ボンヤリ」したり，錯覚をしたりする（ヒューマンエラー）。また，横着して近道や省略もする。このような不安全行動が，事故・災害の原因となる。事故・災害の多くはヒューマンエラーがもとになっている。このヒューマンエラー事故をなくすためには，施設・設備などの物の面の対策と，安全衛生についての知識・技能教育などの管理面の対策が必要である。そして，それに加えて，一人ひとりが実験・実習現場の状況や作業行為に潜在している危険（エラーや事故が起きる可能性）を察知し，事前に防止する手立てを講じられる能力（危険に対する感受性）を身に着けておくこと，行動の要所要所で集中力を高めることが欠かせない。これらの能力や集中力を高めることを目的として「危険予知活動」（これもローマ字表記の頭文字を取って KY 活動と呼ぶ）がある。

KY 活動は，作業前に現場や作業に潜む危険要因とそれにより発生する災害についてグループ内で予測し，対策を話し合う活動である。この活動によって，作業者の危険に対する意識を高めて災害を防止しようというものである。製作実習では，必要に応じて開始前に図 1.2 に示す KY シート「討論用個人メモ」と「活動表」を配布する。このシートを使用して，KY 活動を行う。全グループの KY 活動が終了し「活動表」が提出された段階で，当

日の実習に取り掛かる。ここでは，グループ活動を通して，KY 活動の進め方を把握する。

　※　危険要因 ── 事故を引き起こす可能性がある状況や行為，出来事である。潜在的な事故原因となる。

 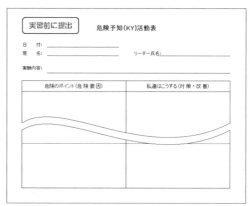

(a) 討論用個人メモ　　　　　　　　　　　　　(b) 活動表

図 1.2　KY 活動を行うためのアイテム

【危険予知グループ活動の進め方】

以下の手順に従ってグループ活動を行う。
① ＜役割の決定＞
　司会者（リーダー），報告者（書記）を決める。
② ＜活動の趣旨を理解＞
　リーダーは，グループのメンバーに，以下の内容を説明し，全員で課題に取り組むことの意義を皆で確認する。危険予知練習は個人の危険予知の能力を高め，実験・実習時での事故を防止するために有効な活動である。また，メンバー全員が「発言」をしてこそ活動に意味がある。

1 製作活動を安全に遂行するために必要な安全に関する知識　149

グループ活動の意義

　グループで調べ討論学習すると，一人で学習するよりも何倍も効果が上がり自分の弱点も克服できる。さらに自ら学ぶことへの弾みがつき，その習慣が身に付くことになる。また，問題解決の糸口も見つかりやすくなる。考える力は自分一人で内向きに考えるだけでなく，気分を一新して外に向かって一歩踏み出すこと（言葉を発すること）でさらに湧き出てくる。考える力は他人と交流し連携する力でもある。そのためにはコミュニケーション力も自ら養っていかなければならない。議論にどんどん加わり，仲間の提案の欠陥にはこだわらず，いい点のみに目を向け，「それ面白いね」と肯定的にとらえ，グループで協力して課題を考え，報告をまとめるように心がける。グループ学習の原型を獲得するのが，この活動の目的でもある。

---

③＜1R 現実把握 ― 自問自答：「どんな危険がひそんでいるか？」＞

　リーダーは，課題事例を自分のことばで説明する。次に，事例の中にどんな危険がひそんでいるか，作業や状況の問題点について，メンバーに自問自答し，「討論用個人メモ欄1」（図 1.2(a)）に必要事項を記入することを促す（メモ欄1の記入時間は3分程度）。

メモ欄1に書くこと

　「危険要因」を想定（発見）し，それによって引き起こされる「現象」や「事態」を各自が想定する。想定した「危険要因」と「現象や事態」をできるだけたくさん，「メモ欄1」に記入する。なお，記入は簡潔に行う。例えば，「～なので～する」「～なので～が起きる」「～して～する」などの表現で構わない。

---

④＜1R 現実把握 ― 皆で考える：「どんな危険がひそんでいるか？」＞

　リーダーはメンバー全員がメモ欄1を記入したことを確認した後，メンバー全員に「危険要因」と「現象や事態」を皆の前で紹介させる。その際，下記の点に留意しメンバー全員が積極的に自分の考えを出すよう努める。

- 常識的に考えてありそうでないことでも紹介する。
- 少数意見でも構わないので，気後れせず紹介する。
- メンバーから出された内容に反論しない（自由な発想で意見を出し合うことが大切であり，反論を繰り返すと議論は終息してしまう）

メモ欄2に書くこと

　グループメンバー全員が気づきの感性を養うことが大切である。他のメンバーの紹介内容で自分が気付かなかった事項を簡潔に書く。

---

⑤ ＜2R 絞り込み（本質追求）：「これが危険のポイントだ」＞
　リーダーはグループ討論を行い，班員全員が出し合った「危険要因」（メモ欄1と2）の中で，危険事態が発生する確率や，確率は小さくてもそれが起きた場合，重大事故につながると考えられる「危険要因」を皆で決めさせる（メモ欄に○印をつける）。また，特に重要と考える危険と危険要因を選び（通常2～3項目），◎印をつけるとともに，書記は「危険予知（KY）活動表」（図1.2(b)）の危険のポイント欄に記入する。

⑥ ＜3R 対策検討：「あなたならどうする」＞
　⑤で絞り込んだ「危険要因」について，危険が現実のものにならないようにするためにどうすればよいかをグループ全員で考えて具体的で実施可能な予防策を話し合う。

⑦ ＜4R 目標設定：「私たちはこうする」＞
　書記は，「危険予知（KY）活動表」のわたしたちはこうする欄に⑥の予防策（安全対策）を記録する。リーダーは，記録された内容を皆に紹介し，作業の行動規範（安全のコツ，安全目標＝安全のための行動目標）とし，グループ全員で確認する。

【説明用課題事例】
＜状況＞　あなたは非常階段の扉の水拭き作業をしています。水が入ったバケツが近くにあると便利なので，足元に置いて作業を行っています。作業中，扉の上が錆びていることを見つけました。そこで，錆びを落とすためにサンドペーパーがけを急きょ始めました。扉の上部は手が届かないので，実習室にあった丸椅子に乗って作業をしています。

【演習用課題事例】
＜演習状況1＞　あなたは，水を入れた試験管に濃硫酸を入れ10％希硫酸に薄めている。
＜演習状況2＞　あなたは，クライアントと同僚に添付ファイル付きのメールを送信しようとしている。

図1.3　KYトレーニング（説明用状況）

1.2　対処（緊急事態対応マニュアル）

　事故は起きるものとし，事故時に適切な対応ができる体制を整えるとともに，心の準備をしておく。この目的のため，「危機管理ガイドライン」が本学においても定められている。ガイドラインの内容を理解しておくとともに，特に，事故発生時に，だれが対処するのか，どのように対処するのか，についてグループ内で確認しておくこと。

1) 事故発生時の対応（個人レベル）

　積極的に安全対策を行っていたとしても，事故の発生をゼロにすることはできない。万一，実習中に事故が発生してしまったら，周りの人が積極的に対処する！

表1.1　説明用課題事例に対する KY シート「討論用個人メモ」と「活動表」の記載例 [6]

＜1R および 2R　現実把握と絞り込み＞

現実把握 「どんな危険がひそんでいるか？」	絞り込み 「これが危険のポイントだ」
扉が半開きなので，風にあおられ扉が閉まったら手をはさまれる	○
丸椅子が手すりに近く高さがあるので，手すりを超えて落ちる	◎
扉が半開きで，丸椅子上の作業なので，風にあおられた時，ぐらついて丸椅子から転ぶ	
丸椅子が狭いので，踏み外して転ぶ	
内側から扉を押し開けられて転ぶ	◎
扉に近く，顔を近づけているので，錆びやほこりなどが飛び散ったとき目に入る	◎
丸椅子のそばに水が入ったバケツがあるので，丸椅子から降りた時，つまずいて倒し下の人に水をかける	○

＜3R および 4R 対策検討と目標設定＞

危険のポイント（危険要因）	私たちはこうする（対策・改善）
丸椅子が手すりに近い 高さがある 手すりから落ちやすい	丸椅子を手すりから離す 扉の内側におく 丸椅子を安定な踏み台に変える 安全帯をしめ，手すりにかける
扉の反対側から人が来る 丸椅子を踏み外す	扉の反対側に「作業中につきドアを開けないこと」の看板を立てる 扉はロックし，しばる 安全帯をしめ，手すりにかける
錆びやほこりが飛び散る 錆びやほこりが目に入る	養生シートをかけて作業する 安全めがねを着用する

152　第 1 章　製作活動における安全とレポート

- 事故が発生したら，すべての活動を停止し，まずは落ち着く！（慌てて駆け寄って，同じ事故に見舞われない）
- 被災者の救護
- 教職員への連絡

※　工具による軽微なケガの場合は自分で対処しても構わないが，どんな軽微なケガであっても必ず教職員への連絡は行うこと。

2) 事故発生時の対応（組織レベル）

実習担当スタッフは，本学の危機管理ガイドラインに従って行動する。

1.3　分析・対応

作業現場に限らず実社会では様々な事故に見舞われる。同じような事故の発生を未然に防ぐためには，起きてしまった事故について事故要因を正確に把握し，対策を講じておくことが大切である。この目的のため「4M 分析」がある。

4M 分析とは，事故の要因・原因は以下に示す 4 つの M のどれかに当てはまることを前提にしている。この分類に従って事故発生のすべての要因・原因を洗い出し，対策を立案する原因対策対応式（Matrix 式）の分析手法である。活動に際しては，表 1.2，1.3 に示す「4M 分析シート」を使用する。

- Man（人）：作用者の心身的な要因や作業能力的な要因
  身体的要因，心理・精神的要因，技量，知識など
- Machine（設備や機器）：設備・機器・器具固有の要因
  強度，機能，配置，品質など
- Media（環境）：作業者に影響を与えた物理的・人的な環境の要因
  自然環境（気象，地形），人工環境 (施設，設備)，マニュアル・チェックリスト，労働条件・勤務時間など
- Management（管理）：組織における管理状態に起因する要因
  組織，管理規程，作業計画，教育・訓練方法など

【4M 分析の例】

以下に事故例を挙げるとともに 4M 分析シートへの記載例を示す。なぜ事故が発生したのか，背後の要因を分析し対策をたてる（4M 分析）。

＜説明用事故例＞　初心者・素人の事故

外食チェーン店でコックのバイトをしている時，注文がたくさん入ってきたので一度にたくさんの調理をしなければならなくなった。なべ，フライパンの調理を複数行っている時，1 つのフライパン（揚げ物）から火が出てしまった。気が動転して何をやったらよいのか分からないまま時間が経過し，気がついた先輩が消火器で火を消し止めてくれた。しか

1　製作活動を安全に遂行するために必要な安全に関する知識　　*153*

し，天井が丸焦げ，料理は台無しになった他，消防車まで出動して店はしばらく営業停止となってしまった。

表 1.2　説明用事故例に対する 4M 分析シート例

4M	要因	対策
人（Man） 知識・技量・身体的要因・精神的要因	目を離した	目を離さない
設備・機器（Machine） 機能・配置・品質・強度等	温度センサの不備	過加熱防止装置
環境（Media） 室内環境（室温・明るさ）・労働条件・マニュアル	たくさんの揚げ物	同時作業を減らす
管理（Management） 組織・規則・教育法	1 人の人間が行う作業について規則の未整備	規則整備，揚げ物担当者を作る

【4M 分析グループ活動の課題】

　ここでは以下に例示した事故についてグループで話し合い，4M 分析手法による問題解決力の向上を図る。司会者，記録係をあらかじめ決めておき，下記の手順で討論を行う。4M 分析において，要因，対策は「自分がどうする」という立場，観点で提案する。担当者を増やす，安全装置を取り付けるは一般の事故事例では妥当な対策であるが，時として他人まかせになり，対策としては適切でない場合があることに注意する。また，研究・開発現場ではマニュアル化されていない事象が起こりやすいため，対象の把握が大切になってくる。

＜4M 分析の進め方＞

　4M 分析は，まずグループ全員で事故事例（文書報告など）について把握し，事故の概要・直接の要因について皆で考え，まとめることが第一歩である。次に事故発生の背景にある要因について 4 つの M（Man, Machine, Media, Management）の観点から分類分けを行う。分類分けされた各 M の要因に対して深く掘り下げた議論を行い，事故を未然に防ぐための対策を考え，最後に議論の内容を 4M 分析シートにまとめる。以下に具体的な手順を示すので，この手順に従ってグループ活動を行う。

① ＜役割の決定＞

　　司会者（リーダー），報告者（書記），事故例の読み手を決める。

② ＜事故結果を把握＞

　　読み手は声を出して事例を読む。この時，分からない言葉を書き出し，グループの中で知っている人がいたら説明する。皆が知らなかったら辞書等で調べる

③ ＜問題点の把握＞

154　第1章　製作活動における安全とレポート

リーダーはメンバー全員に事例の問題点について発表させる。発表された問題箇所にはアンダーラインなどを引かせる。

④ ＜4M分析＞

リーダーはメンバー全員がアンダーラインを引いたことを確認した後，メンバー全員で4M分析を行うことを促す。

4M分析では，まず事故の概要・直接の要因を把握する。次に事故の背後にある要因をすべて洗い出し，それぞれの要因がどのMに当てはまるか考え，各要因に対する対処法（対策）を検討する。すべての結果はシートに記録するとともに各自ノートなどに書き写しておく。

表1.3　4M分析シート

4M	要因	対策
人（Man） 知識・技量・身体的要因・精神的要因		
設備・機器（Machine） 機能・配置・品質・強度等		
環境（Media） 室内環境（室温・明るさ）・労働条件・マニュアル		
管理（Management） 組織・規則・教育法		

＜演習用事故事例＞

- 実験テーマ ― 磁束密度の測定（物理実験）
- 実験内容 ― 磁界発生用コイル（大電流）で発生させた磁束密度を測定用コイル（微小電流）で測定する。
- 事故者の行為 ― 測定用コイルがあっという間に燃え上がり，測定用コイルが焼けるとともに，テーブルの一部を焦がしてしまう。
- 事故の直接要因 ― （誤り）測定用コイルに交流電源をつないだこと。

演習用事故例の直接要因（原因）は，配線ミスである。監督者・管理者の想定外の行為による事故発生であったが，なぜこのようなことが発生したのか，背後の要因を分析し対策をたてておくことが大切である。何ら対策を立てておかないと，何度も同じ事故を繰り返し，最後には取り返しのつかない重大な事故に結びつく可能性がある。研究・開発現場ではマニュアル化されていない事象が起こりやすく，対象の把握が大切である。

2 製作活動をまとめるために必要な知識と技術　155

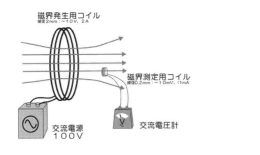
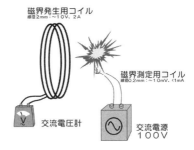

(a) 本来の実験　　　　　　　　(b) 事故を起した学生の実験装置

図 1.4　実験装置

2 製作活動をまとめるために必要な知識と技術

　大学生になってレポート課題が出された時，何を書けばよいのか，どこから手を付けたらよいのか分からない人が多い。大学では，実験・実習に限らず講義，セミナーで課題としてレポートの提出が求められる。また，社会ではプロジェクトの提案書，活動の予算申請書や報告書など，様々な文章を書く機会が多い。内容を順序立て，簡潔に，他人に分かりやすい文章を書く技術は，文系，理系を問わず社会人として必要なスキルの 1 つである。レポートを書くために参考となる優れた成書 [7–10] がたくさんあるので，自分なりにあったものを入手し，日々努力する姿勢が大切である。

2.1　レポート作成にあたっての大まかな手順

　レポートは書き始める前に，構成（ストーリー）を考えなければならない。大まかな構成が決まったら，準備，下書き（草稿），編集（修正，校正，校閲，推敲）の各段階を経てレポートを作成し，最後に提出（発表）となる。それぞれの段階で行わなければならないことを図 1.5 に示すとともに，以下に説明する。

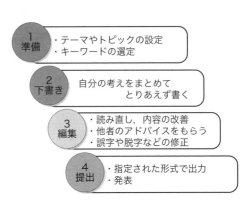

図 1.5　レポート作成のおおまかな手順

1) 準備

　これから何を書こうとするのかを計画する段階である。いきなり文章を書き出そうとせず，書こうとする事項（トピック）についてキーワードとなる言葉を思いつくまま書き記す。また，必要に応じて図表を用意（PC などを用いて作成）する。良いレポートを書くためには，準備段階において以下の項目の内容を考慮し，自問自答しながら行う。文節の論理構成（順番）は次の下書き（草稿）の段階で行えばよいので，この段階では思いついたキーワードのみを書き記す。

- 何を書くのか？
  実験・実習のレポートを書くのか？ 講義のレポートを書くのか？ 報告書を書くの

156　第1章　製作活動における安全とレポート

か？ インターネットで公開する記事を書くのか？

どんな文章を書こうとしているのかを書き始める前にはっきりさせる。ある決まったテーマ（例えば「ナイロンの合成」）のレポート書く場合でも，実験レポートと講義で課されるレポートでは書く内容が異なる。

- 読者は誰か？

  レポートを課した先生が読むのか？ 友達が読むのか？ 小学生が読むのか？

  対象はできるだけ具体的に設定する。例えば，漠然と「高校生」と設定するだけでなく，「高校3年生の文系の人」といったようにできるだけ具体的に想定すると良い。対象が明確化されると，対象が背景にもつ知識や技能を考慮した文書構成や表現を行うことができる。

- 目的は何か？

  ものごとを行うための手順や注意点をまとめるのか？ 得られた結果に関して論ずるのか？ 情報を発信するのか？ なぜレポートを課されているのか？

  作成するレポートで何を伝えたいのかを明確にしておく。例えば，同じ実験・実習テーマのレポートでも，事前に提出するレポートと事後に提出するレポートでは伝えたい内容は異なってくる。例えば，実習の事前レポートの作成においては実習内容を理解することが目的である。そのため，内容を理解している事をレポートとして書くため，実習を行う上での注意点や手順をまとめた形になる。また，不明だった事項について調べたことや，発展させて考えたことなども加えることで，理解度を増すこともできる。一方，事後レポートでは得られた結果に対してなぜそうなったのか，結果の特徴はなんなのか，実習を通して何を得たのか（学んだこと，経験したこと）などをまとめることになる。

- 説明に必要なデータや材料はそろっているか？

  データや材料がそろっていない場合はどこで入手したら良いのか？

  データとは実験結果の数値だけでなく，結果を説明する根拠や利用した機器の性能・特性なども含む。利用する機器などで知らないものがある場合に，その機器について調べることもデータをそろえる活動の一部である。また，データは集めるだけでなく見せ方も考える必要がある。例えば，数値データを表現する場合，表にするか，折れ線グラフにするか，円グラフにするか，データの提示の仕方によって読者に与える印象や理解度も変わる。

- どのような形式で提出するのか？

  紙媒体で提出するのか？ 電子媒体（ファイル）で提出するのか？ Web上で公開するのか？

  レポート提出に際しては提出様式も同時に定められている場合が多いので，様式を確認して従うこと。ファイルで提出する場合，指定されたファイル形式（Word，PDF

等）に準拠すること。また，1行当たりの文字数や1ページ当たりの行数など多くの指定がなされていることが普通である。後で設定を変更すると，図表のレイアウトが変わってしまったり，ページの区切りが変わってしまったりすので，文を書く前に設定を行っておくと良い。

2) 下書き（草稿）

自分の考えた論理構成に沿った文節構成を考える。各文節には1つのトピックが設定されていることが大切である。準備段階で集めた言葉やデータなどを利用し文章を書いていく。文字の間違い，文法の間違いなどは後で修正できるので，この段階では完璧な文章を目指さなくてよい。キーワードとして書き留めた言葉などを繋ぎ合わせながら，時系列を合わせて文章を作成していく。

下書きの段階で注意すべき点としては，設定したテーマに対して必ず「事実」を述べることである。よくある間違いとして，「事実」でなく「意見」だけを述べてしまうことがある。「事実」は観察や実験結果（データ）により導き出されるもので，確証のある情報である。一方，「意見」は特定の人の信念や思いといった感情から生まれる確証のない情報である。データから導き出された「事実」をどのように解釈するかといった思いでもある。レポートを書く上では，まず「事実」を述べ，それに対する「意見」を述べること。また，「事実」と「意見」を明確に区別することが大切である。

「事実」を客観的に提示する方策として図や表，グラフなどの使用を勧める。図や表，グラフなどから得られる情報（データ）をもとに自分の「意見」を展開すると，「事実」と「意見」が明確に区別され，分かりやすいレポートを作成することができる。また，事象を正確に伝えるため，"5W1H"（Who / What / Where / When / Why / How）を明確にした文章を書くことが好ましい。文学的な作文を書く場合，邦文では内容の論理構成として起承転結が推奨されているが，レポートに関しては「転」は必要ない。段落ごとに核となるまとまり（トピック）を作ることが大切である。

3) 編集（修正，校正，校閲，推敲）

下書きで作成したレポートを一度読み直し，不足を感じた点について，より分かりやすい表現に変えたり，不足事項を追加したりして，より良い文章へ加筆・修正する。文書が簡潔・明瞭であるか，意味を成しているか，読者の興味をそそるか，といった観点で行うとまとめやすくなる。長すぎる文や類似の内容の短い文が繰り返されると，文章全体が読みにくくなったり，文章が稚拙になったりする。必要に応じて箇条書きや章立てを利用すると，文章がすっきりとし，内容を伝えやすくなる。また，関連する文と文とは，文章の時系列やつながりを明確にするため，適切な接続詞でつなぐとよい。さらに，文章構成として，各文節にはその文節でテーマとする内容を提起する「トピック文」と，トピック文を解説または補助する「サポート文」，最後に文節を締めくくる「クローズ文」という構成

158   第1章　製作活動における安全とレポート

になると文節のまとまりがよくなる。

　編集作業は複数回行う。短時間に回数を重ねると，目線が主観的になり，誤りを認識しづらくなる。数時間以上の時間をあけ，自分の頭を一度リフレッシュさせた後，客観的に読み直すとよい。また，可能であれば，実際に客観的な視点を取り入れるため周りの人に見てもらい，内容や表現に関してアドバイスをもらうと良い。何度も読み直す中で，各文章に文法的な誤りがないか，誤字・脱字がないかのチェックを行い，間違いを見出したら適時修正を行う。句読点や，文体の統一も確認が必要である。「です／ます」調の文と「である」調の文が混在しているととても読みにくくなるので統一する。

4) 提出（発表）

　文書の作成が完成したら，提出条件に合わせた形式（紙媒体，電子ファイルなど）を確認し，提出物を準備する。

　紙媒体での提出を求められているのであれば清書または印刷し，できたものの乱丁や落丁，不鮮明な点がないかなど確認する。表紙の添付が指定されている場合は，表紙に指定された項目を漏れなく記入すること。提出に際しては，提出物が分散する恐れのあるクリップ止めは好ましいものでない。通常は，左上の一か所をステープラで止める。なお綴り方が指定されている場合もあるので注意する。

　電子ファイルで提出する場合は，必要に応じて提出するファイル形式に変換する。変換したファイルは必ず内容を確認し，問題なく変換できているか確認する。また，ファイル容量など，細かに指定がある場合もあるので，指定内容の通りにできているか確認すること。提出方法も Web へアップロードしたり，電子メールに添付して提出したりと，様々な形式があるため，確認の上，指示に従って提出する。

　どのような形式でも，提出の期限が定められているため，期限を守って提出する。期限が守られていないレポートは受領が拒否されたり，評価の対象から外されたりする場合があるため注意が必要である。

　提出の内容を聴衆の前で発表することを求められる場合もある。発表用の資料を準備する場合は，発表用の資料に対して，上記 1)～3) の手順を行う。提出した内容から逸脱したり，異なったデータを用いたりしないよう注意が必要である。

2.2　実験・実習レポートの構成と内容

　実験・実習のレポートでは実験結果だけを報告するだけでなく，自ら課題を設定し，実験結果の解釈の仕方を考えたり，理論づけを行ったりすることが求められる。実験・実習内容や結果はすでに解明済みのものである。従って，レポートを課す側の立場からレポート課題に期待することは，得られたデータから話しの筋道を考えまとめる力，過去の文献データと比較し自分のデータの信憑性が判断できる力，自分の考えを表現する力，そして自分で書く，ということである。

実験・実習のレポートでは構成が決まっている。以下で順を追って説明する。

① 表紙

独立した1ページの紙に「実験・実習名」「テーマ（題目）」「所属」「学籍番号」「氏名」「提出日」などを記入する。表紙が配られていたり，内容が指定されていたりする場合はそれに従う。

② 目的

実験・実習にはテキストや指導書があらかじめ用意されている。そこには実験・実習の目的や概要項が必ず記載されているので，その内容を簡潔にまとめて書く。必要に応じて実験・実習の原理などについて触れてもよい。

③ 方法（手順）

②と同様，テキストに書かれている実験・実習方法について，簡潔にまとめて書く。フローチャート形式や必要に応じ，図，グラフをつけてもよい。

④ 結果

実験・実習で実際に行った内容，得られた結果，観察事実を簡潔に書く。③で書かれた順，または実際に行った順に書く。なお，実験・実習にもよるが，当日の気温，湿度，気圧や天候も実験データとなる。次の考察項で実験結果に基づいたトピック（課題）設定が行えるよう，注目すべきデータについては必要に応じて表やグラフにまとめるとよい。また，失敗した結果についても，どのように行って失敗したかなど，原因の究明につながる状況，データを具体的に書く。

⑤ 考察

実験・実習レポートで一番大切な項目である。すべての結果に対して考察を行う必要はないが，考察全体を貫く1つのテーマを設定する。最初の段落（パラグラフ）では，テーマを明確に示すとともに，テーマに関して一般的に知られている事実，法則，過去の文献やデータを付け加えて1つの段落を作成する。次に，設定したテーマに関するトピックを設定しそれについて，議論（考察）を展開する。1つのトピックにつき1つのパラグラフ構成とし，パラグラフは最低でも3つ書く（3つのトピックス設定が必要）。最後に，各段落の結果を受けたまとめや結論を展開する段落を加える。考察項は全体で最低でも5パラグラフ構成とする。全体構成や各パラグラフ構成については，2.3節で概説するパラグラフライティング技法による文章構成を心掛ける。

また，各段落の論理展開では，自分の意見や考えと事実とを明確に区別すること。文献を参照して議論を展開しても構わないが，調べた事項には文献番号を付すとともに出典を明示すること。調べた事だけで自分の考えがない文章とならないようにする。

160 第1章 製作活動における安全とレポート

トピックを設定した各段落内で記述する内容例

- 観察・測定された事実（結果項で書いたこと）に対し，トピック（課題）を設定する文章を書く。
- 設定した課題の補足説明，課題に関連して実験・実習で得られた「事実（データ・観察結果）」「事実」の解釈（理解）に必要な自分の「意見」，他の人が行っている類似の実験・実習結果や解釈（文献項で出典を明示のこと）などを詳細に述べる複数の文章を書く。この段階は提示した課題を補足説明するものであり，次のまとめの段階へと導くものでなければならない。
- まとめや結論を書く。設定された課題に対する自分の「意見や考え」を記述する文章を書く。

---

⑥ 文献

②〜⑤の項で他の人が行った成果やアイデアを参照した場合，文献項で出典を明記する。他の人がそれを見ただけで文献が確認できるよう必要最低限の情報を記載する。記述順序は専門分野で若干の相違がみられるが，以下の内容を必ず含んでいる。

著者名，書名（タイトル），ページ番号，出版社名（出版年）

⑦ その他

- 実験・実習レポートは作文ではないので，個人の感想や反省は書かない。
- データの取り扱いに注意する（データねつ造，有効数字など）。
- 知的財産権を保護する（データ，文章，図等，著作権で保護されるべきものは文献として明示）。
- 読みやすさを心がける（あいまい表現を避ける，長文は簡潔な複数文にする，「です／ます」調，「である」調を統一する，主部と述部の対応に注意する，述部が欠落しないようにする，誤字・脱字に注意する など）。

2.3 パラグラフライティング技法による文章の書き方

　一般的なレポート作成にも当てはまるが，実験・実習の考察項の構成は，段落（パラグラフ）ごとにトピックとなる文を始めに置き，主張したいことを伝える。次に，自分の主張する考えを補足する文や解説する文を複数加え主張に厚みを増し，パラグラフの最後には結論となる文を置くとよい。パラグラフが長くなっても1つのトピックについて書かれていれば，1つのパラグラフ内に書く。

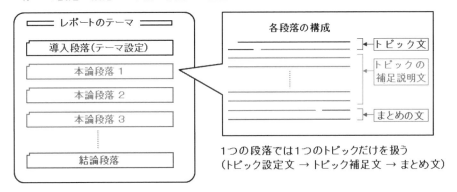

図 1.6　パラグラフライティングによる文章作成法

2.4 レポート課題

　実習で使う部材（材料，電子部品）について，テーマ設定を行いA4用紙1枚程度でまとめる。各自のテーマはグループ内で重複しないよう，調整を行うこと。

第 2 章

Hama ボードの製作

1　この実習の内容

　この実習では Hama ボードの設計からベースプレートの加工，組立て，検証に至るまでの一連のものづくりプロセスを体験する。このプロセスは PDCA（Plan-Do-Check-Action）サイクルとして知られており，プロジェクトの実行には欠かせない手順である。部活動や受験勉強で PDCA サイクルを経験した学生も多いと思うが，改めて手順を意識してこの実習に臨むことが求められる。

1.1　基本設計

　基本設計ではまず，製作する物の役割（仕様）を確認する。役割が明確になったら，形状と材料を決める。形状については，構想図を描いて大まかな形状を決定し，その後，正確な寸法を図面にして表す。材料については，8 つの高分子材料を比較し最適なものを選定する。

1.2　ベースプレートの加工

　Hama ボードに使用するベースプレートには，各種部品を固定するための穴を開ける必要がある。穴あけには工作機械のボール盤を使用する。正確な穴あけには慣れが必要であり，サンプルを用いた練習の後，本番を行う。練習では多くの学生が失敗するが，失敗の原因を考え対策を講じることで，綺麗な穴が開けられるように改善する小さな PDCA サイクルを体験する。また，仕上げ加工としてやすりを用いた面取りを行う。

1.3　組立て

　各部品を組み付けて Hama ボードを完成させる。組立てには複数のねじを使用するため，固定方法の違いに注意しながら作業を進める。

1.4 検証

　部品を組付けた後，正確に組み立てられているかを確認する。組付けた部品の位置が正しいか，ねじが緩んでいないかチェックを行う。

1.5 改善

　今回作製する Hama ボードは他の実習でも使用するため，大きな変更はできないが，実際のものづくり活動においては一度作ったら終了となることは少ない。例えば，スマートフォンや自動車などは数年で新型が登場し，常に改善し続けている。もし今後 Hama ボードを作り直す機会があれば，どのような形状や材料が良いか想像しながら実習に臨むと良い。

2 基本設計

　基本設計では最初に目的（仕様）の把握を行う。どのようなものを製作するかを正確に把握していないと，誤ったものを製作する場合があるため，目的の把握はものづくりにおいて最も重要なステップであるといえる。目的が明確になったら，詳細な形状と材料について検討を行う。現時点の実習では，あらかじめ設計済みの課題を扱うが，実習の後半では自ら設計を行うため，設計手順についても理解しておく必要がある。

2.1 目的の把握

　今後の実習では，制御基板（マイコン）を使用して，さまざまな駆動回路（ブレッドボード上に組み立てた LED 点灯回路や駆動制御回路など）を動かしていく。制御基板と駆動回路は配線によって接続されるが，相互の位置関係が固定されていない場合，配線に負荷がかかり接触不良や断線のリスクが高くなる。そこで，制御基板と駆動回路とを 1 つの筐体に固定して位置関係を安定させる必要がある。このような構造は「制御盤」と呼ばれ，多くの装置で採用されている。今回の実習では，制御基板として Arduino UNO，駆動回路としてブレッドボードを用いた制御盤（以下「Hama ボード」と呼ぶ）を製作する。

2.2 形状の検討

　2 つの部品（制御基板と駆動回路）をどのように固定するかを考える。各部品の実物が手元にあれば，それらを手に取って考えることができるが，必ずしも手元にあるとは限らない。その場合，技術者は構想図を用いて自分のイメージを視覚的に表現することが多い。図 2.1 に，今回製作する Hama ボードの構想図を示す。一般に，人工物のほとんどが四角形または円形の組み合わせでできているため，絵が不得手な場合でも，パソコンに入っているソフトウェア（ペイント等）を用いて四角形と円形を組み合わせるだけで構わない。2 つの部品を固定する単純な構造は，1 つのプレート（以下「ベースプレート」と呼ぶ）にそれぞれの部品を固定することである。今回は，サイズや制御基板とパソコンを接続する USB

ケーブルの接続位置に制約がないため，制御基板と駆動回路を横並びに配置する．部品の固定方法としては，ねじやリベットを用いた固定，材料を溶かして固定する溶接，接着剤で固定する接着が主に用いられる．Hama ボードでは各部品の取り外しと再組立てが容易であることが求められるため，固定方法としてはねじを使用する．さらに，Hama ボードを別のシステムに組み込む際の固定用に 2 箇所の穴を開ける．また，Hama ボードの底部には，作業テーブルや机の傷を防ぎ，滑り止めとして機能するゴム足を取り付ける．

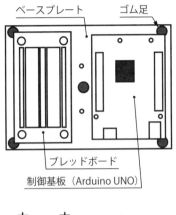

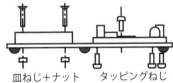

図 2.1　Hama ボードの構想図

2.3　ベースプレートの材質検討

ベースプレートに使用する材質について検討する．製品に使用される材料には金属，木材，セラミックス，紙などさまざまなものがあるが，今回は高分子材料に絞って検討を行う．高分子（ポリマー）は，セルロースや天然ゴム，たんぱく質などの天然高分子と，ポリエチレン（PE），ポリプロピレン（PP），ポリエチレンテレフタレート（PET）などの合成高分子に大別される．すべての高分子は，繰り返し単位である単量体（モノマー）が共有結合によってつながり，構成されている [11]．合成高分子材料は，その用途に応じて非常に多様な特性を持つ．たとえば，包装材から商品の筐体まで幅広く使われるポリオレフィン（ポリエチレン（PE），ポリプロピレン（PP），ポリスチレン（PS），ポリ塩化ビニル（PVC）など），パソコンやテレビの筐体に使われる剛性に優れた ABS 樹脂，内装・外装部品や歯車などに使用される耐久性のあるポリオキシメチレン（POM）樹脂，スマホやカメラの筐体に使われる耐衝撃性や耐候性に優れたポリカーボネート（PC）などが挙げられる．同じ名称の合成高分子材料でも，重合度や結晶化度，添加剤の種類や量によって特性

は大きく異なる。たとえば，図2.2に示すように，食品の包装材にはPP, PS, PE, PA, PET樹脂など複数の合成高分子が使用されている。これらは商品の用途や梱包目的，表示目的，見栄えなどを考慮し，適切に選定されている。合成高分子材料をものづくりの現場で使用する際には，その特性を理解し，適材適所で使わなければならない。適切な選定を行わないと，コスト面での不利益を被るだけでなく，安全性を損なう可能性もある。実習では，提示された合成高分子試料（図2.3）を観察し，触れたり，叩いたり，曲げたりすることでその特性を評価する。結果を評価シート（表2.1）に記入し，グループ内で議論したうえで，ベースプレートとして相応しい材料を検討する。

図2.2　商品の包装紙の合成高分子材料例

図2.3　合成高分子から作られた板材

表 2.1 合成高分子材料サンプルの評価シート

項目	材料名							
	PMMA	PVC	PC	PET	PE	PP	POM	ABS
外観								
におい								
硬さ								
曲げ								
比重								
その他								

2.4 加工図面の作成

　おおよその形状（構想図）と材料が決まったら，詳細な形状を決定する。また，今回の構造ではベースプレートに穴あけ加工が必要となるため，加工図面を作成する必要がある。図 2.4 に加工図面を示す。加工図面は形状と必要な寸法が記された図面であり，加工者はこれを見ながら作業を行う。つまり，図面には製作物の「材質，形状，寸法，位置，（加工方法），（表面の粗さ）」など，すべての情報が網羅されていなければならない。以下に，ベースプレートの加工図面を示す。用紙中央に形状を示した図が有り，用紙の端には輪郭線を設ける。また，用紙右下には図面の各種情報（図面番号，図名（品名），名前，作成年月日，尺度，投影法）が記述されている。材料，個別に指示していない寸法公差についても右下に記述する場合が多い。図形の表し方として 3 面図（詳細は第VI部に記述する）で表すことが多いが，例として示しているような薄板の場合，1 面のみでも形状が分かるため，板材を上から見た図のみ記載している。図面では太い実線で外形が物体の形を表し，穴などの中心を示す場合は細い一点鎖線が使用される。また寸法を記載する時は細い実線が用いられる。基本的には，寸法は一つの辺を基準にする。これは基準面として加工においても用いられる。図では長方形の下の面，左面が基準面としてそれぞれ，高さ方向と横方向の位置が寸法として記載されている。また，図面中央の一か所に「10×ϕ3.5」の記述があり，直径 3.5mm の丸穴が 10 か所であることが示されている。同様の形状を複数個所に配置する場合は省略して記載することができる。四隅の丸みについては同一の場合，1 か所に「R5」（半径 5 mm の丸み）と指示している。板材の場合，厚みについては「t 3」で指示する。

3 ベースプレートの加工

　基本設計が完了したら設計に従い，各種加工と組み立てを行う。以下にベースプレートの加工手順を示す。なお，加工を行うに伴い，ボール盤を使用する。ボール盤は高速で回転する刃物（ドリル）を用いて工作物に穴を開ける機械であり，使用方法を誤ると怪我をする危険性がある。使用には十分に注意すること。

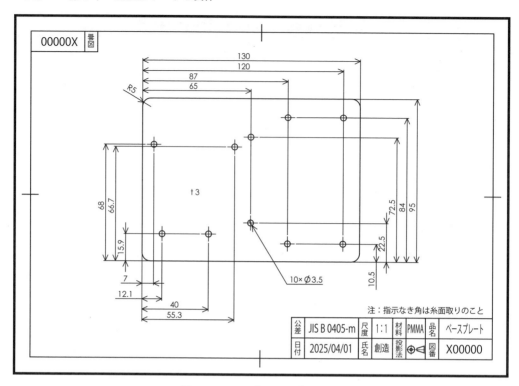

図 2.4 ベースプレートの加工図面

3.1 穴あけの位置決め

　加工図面に従い，工作物の表面に穴の中心位置や基準となる線を描く作業は「ケガキ」と呼ばれる。金属の板や棒を加工する際は専用の工具類（定盤，M ブロック，V ブロック，ハイトゲージ，ケガキ針など）を使用するが，アクリルなどの樹脂板の専用工具類はない。樹脂板に保護紙がついている場合，保護紙に定規を使って鉛筆等で線を引いて位置決めを行う。しかし，この作業は慣れていないと位置決めが大変であるため，実習では穴位置が正確に印刷された用紙を使って以下の手順でケガキを行う。

　① 穴位置が印刷された用紙をはさみで切り抜く（図 2.5(a)）。
　② 外形サイズに加工された材料に①で切り抜いた用紙を貼り付ける（図 2.5(b)）。
問：②の作業中に用紙が紙が波打った状態で貼り付けてしまった。そのまま穴あけを行うとどのような不具合が発生するだろうか。

3.2 ベースプレートの穴あけ加工

　ボール盤を用いて穴あけ加工を行う。加工手順は以下の通りである。
　① ドリルの仮締め ── ドリルを取り付ける部分は「ドリルチャック」と呼ばれている。ドリルチャックの一番太いカバー（差し込みカバー）を指で回すと，ドリルを固定する 3 本のつめが閉じたり開いたりするので，3 本の爪が取り付けるドリル径よりも少し大

3 ベースプレートの加工　169

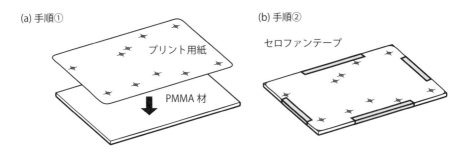

図2.5　ベースプレートへのケガキ方法

きくなるように調整し，ドリルのシャンク部分を差し込んだ後，差し込みカバーを回してドリルの仮締めを行う（図 2.6）。このときドリルは 3 本の爪で均等に固定され，ドリルチャックの中心に取り付けられているか確認をしておく。指で回したドリルが直線状に見えていればドリルが中心に取り付けられた状態であるが，円錐状に見えた場合はドリルが中心に固定できていないので，改めて差し込み直す。

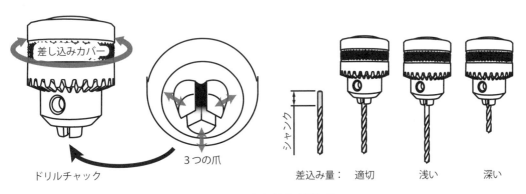

図2.6　ドリルの取り付け（仮締め）

② ドリルの本締め ── 図 2.7 に示すようにドリルハンドルをドリルチャックの穴に差し込み，右方向に回してドリルの本締めを行う。

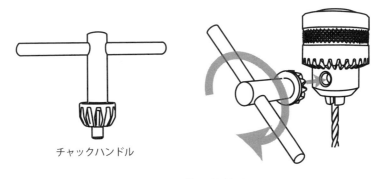

図2.7　ドリルの取り付け（本締め）

③ 高さと左右の位置調整 — 工作物に対して，ドリル位置が著しく高すぎる・低すぎる場合は，ボール盤の高さを調整する。ボール盤の背後のレバーを緩めることで高さを調整できる。調整中はボール盤本体を支えながら作業し，ボール盤本体が落下してドリルの刃先を損傷させないように注意する。また，高さ調整と同時にドリルの刃先がボール盤のテーブルに開けられた穴に入るよう，左右方向の調整も行う（図 2.8）。

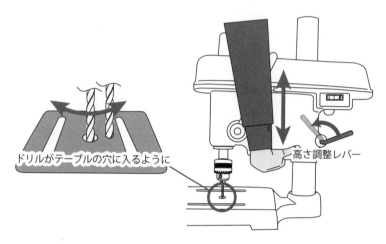

図 2.8　ドリルの高さ調整

④ ベースプレート（アクリル板）の設置 — 目的の穴あけ位置の真上にドリル刃がくるようにベースプレートをボール盤のテーブル上に置く。

⑤ 穴あけ位置の確認 — ドリルを回転させ，右手でレバーを操作してドリルを軽くアクリル板に落とし，穴が開く位置をマークする。マーク位置がずれていた場合は調整する（図 2.9）。

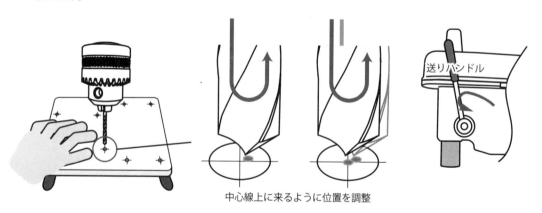

図 2.9　穴あけ位置の確認

⑥ 穴あけ作業の実施 — ドリル刃を再度下げて穴あけを行う。3.5mm 径のドリルで貫通孔をあける場合，穴あけ中にドリル刃の抵抗がなくなったら貫通の証である。ドリル刃を上げてベースプレートから離した後，穴あけ結果を確認する。また，削りくずが

ドリルに絡まないよう，穴あけ作業ごとに箒で削りくずを掃除する。

注意点：穴あけ作業中，材料（ベースプレート）を左手で固定する。位置の微調整が必要となるため，固定力が強すぎると調整が難しく，逆に弱すぎると穴あけ作業中に材料が動き，穴の形が不正確になる危険がある。また，ベースプレートが手から離れドリルと一体になって回転する場合があり危険である。危険な状態になった場合は速やかにスイッチを使用してボール盤を停止させ，電源を抜き安全を確保する。

⑦ バリ取り ── 穴あけ加工後，バリを大きめのドリル刃や面取りカッターを用いて削り落とし，きれいにする。ドリル刃でけがをしないよう注意する。

問：本番の材料を加工する前に，サンプル材を用いて予め練習を行う。練習において穴の貫通時に図のような亀裂が発生した。なぜ亀裂が発生するのか，亀裂を発生させないために気を付けることは何か。

3.3 ベースプレートの端面処理（バリ取り，削り）

ベースプレートはアクリル板を丸鋸で切り出した状態で，切り出し面にバリが残っている可能性がある。また，四隅が鋭利で危険な状態であるため，研磨加工を行う。切り出し面はバリ取り加工，四隅の角はR面取り加工を行う。バリ取りは，図2.8に示すように紙やすりを使い，ベースプレートの切り出し面を紙やすりに対して約45°の角度で置き，前後，左右に動かしてバリを除去する。四隅の角は図2.9に示すように，角に紙やすりを当てて角が円弧を描くように削る。

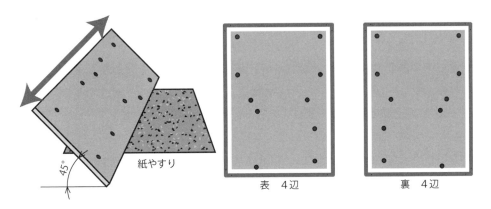

図2.10 バリ取り（辺）

3.4 清掃と片付け

ベースプレートの加工後，ボール盤の周囲に切り子や研磨加工によって出た粉末が散らばる。この状態で組み立て作業を行うと製品が汚れ，部品同士の締結部に異物が入り込み，ゆるみの原因となる。加工後は机の上や下を含め，汚れを清掃しておく。また，ボール盤や工作機械，ドリルが不用意に机の上にあると，作業中に誤って接触し怪我をする恐れが

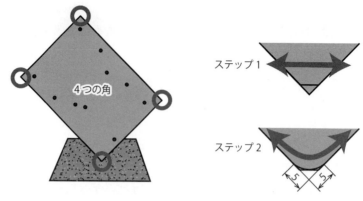

図 2.11　バリ取り（角）

あるため，作業終了後には工具を適切に片付ける。

4 組立て

穴あけと端面処理を施したベースプレートにブレッドボード，Arduino UNO，ゴム足を取り付ける。ベースプレートに穴をあけた箇所とブレッドボードや Arduino UNO にあいている穴の位置が対応していることを確認する。ベースプレートの穴の位置がずれていて，ねじが入らない場合はリーマやドリルを用いて穴を広げておく。

4.1　Arduino UNO のねじ止め

タッピングねじ（3×8）を用いて Arduino UNO 用ケース（以降，ケースという）をベースプレートに固定する。以下の手順で固定を行う。

① ケースの固定用の穴とベースプレート固定用の穴の位置を合わせる。
② ベースプレート側からタッピングねじを差し込み，ドライバを用いて仮締めする（軽く締める）。この際，ケースが手で触ると動く程度に締めること。
③ 4本すべてのねじを仮締めした後，本締め（適切な締め付けトルクで締める）を行う。

問：手順②で1本ずつ本締めを行わず，4本ずつ仮締めと本締めとを行うのはどのような意味があるか。

問：タッピングねじの締め付けは適切なトルクで行う必要がある。力いっぱいねじを締めると，どのようなことが起こるか。

4.2　ブレッドボードのねじ止め

ブレッドボードの裏面には粘着シートがあり，剥離紙を剥がして固定することができるが，粘着シートを使用すると分解ができなくなるため，実習では皿ねじとナットを使用して固定する。ブレッドボードの裏面には，誤って粘着シートを貼り付けないよう，あらかじめ紙を貼り付けておく。ねじの貫通穴には，先のとがった工具（シャーペンなど）を使っ

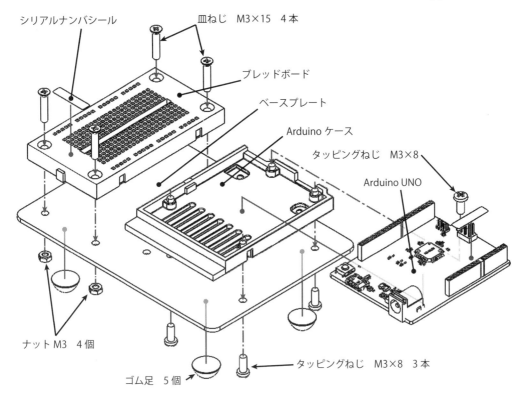

図 2.12　Hama ボードの組立て図

て事前に穴を開けておく。

① ブレッドボードに皿ねじ（M3×15，4本）を差し込む。Hama ボードの使用方法と皿ねじの向きをよく確認し，差し込む方向を間違えないこと。
② ベースプレートのブレッドボード固定用の穴に皿ねじを通し，裏側からナットをかけて仮締めする。
③ ナットをラジオペンチで固定し，ドライバを使って皿ねじを本締めする。

4.3　ゴム足とシリアルナンバーシールの貼付け

ベースプレート裏面の四隅と中央部分にゴム足を貼り付ける。貼り付け位置は任意だが，Hama ボードを置いた際にがたつきがないように調整すること。最後に実習では全員が同一の物を製作する。自分の Hama ボードがどれか識別できるように，目印としてシリアルナンバシールを貼り付ける。

5　検証

検証では，製作物が設計通りに組み立てられているかを確認する。また，目的の役割を十分に果たしているかどうかも確認する必要がある。今回の確認事項は，以下の項目に基づいて行うと良い。ただし，自分で組み立てたものを確認すると，先入観により「正しく

174　第 2 章　Hama ボードの製作

できている」と思い込み，正確にチェックできないことがあるため，他者に確認してもらうとよい。

表 2.2　チェック項目

チェック項目	チェック欄
ブレッドボードの取付け位置は正しいか	
Arduino ケースの取付け位置は正しいか	
Arduino UNO はケースに固定できているか	
ゴム足，シリアルナンバシール取り付けているか	
ブレッドボードにがたつきはないか	
Arduino ケース，Arduino UNO にがたつきはないか	

6　改善

Hama ボードは次年度以降の実験，実習で使用する場合があるため，大幅な変更はできない。本稿では改善方法を解説し，実施しない改善案の一例を提示する。なお，ものづくりの現場では製品だけでなく，日々の業務にも改善が求められる。各企業では従業員からの改善提案を募り，褒賞を与えることで常に改善意識を持たせている。本節の解説は，そうした社会で良い改善を行うために役立つ内容である。

6.1　検証において問題がない場合

① 使用する

検証で設計通りに製作できていることが確認できたら，実際に使用してみる。

② 課題を見つける

課題発見は未経験者には難しい。特に実習などでは，教職員の指示以外の方法を考える余裕がなく，改善に意識が向きにくい。目的を果たしていても，使いやすさや使用時の問題に対応する必要がある。後者は突発的に発生し，課題が明確であるため対処しやすいが，前者は自ら探す必要があるため，発見が難しい場合がある。QC7 つ道具 [12] やマンダラートなどの課題発見ツールがあるが，ここでは説明を割愛する。

例：

- Hama ボード外から配線するコードが固定できず，抜けやすい。
- Hama ボードが机から落下した際，ベースプレートが割れた。

③ 解決策を考える

課題が明確になったら，解決のためのアイデアを考える。1 人で思いつかない場合はブレインストーミングを行い，他者の意見を聞くと良い。

例：
- コード固定用のクリップを Hama ボードに設置する。
- 裏面からコードを通せるよう，中心に穴を開ける。
- ベースプレートの材質を耐衝撃性の強い材料に変更する。
  ※ ただし，ベースプレートには必要な剛性があるため，材料変更に伴い形状を工夫して剛性を維持する。

④ 実行する

手順③で考えた解決策を実行する。

⑤ 効果の確認

使いやすくなったか，効果を確認する。使いやすさは数値化が難しいが，作業ミスの減少や作業時間の短縮といった指標で評価すると，結果が確認しやすくなる。

7 解説

今回の実習では実際に手を動かし，Hama ボードを製作したが，一般的にものを製作する際，以下のような加工方法が基本となる。

- 鋳　　造：溶かした材料を型に入れて固める。
- 塑性加工：曲げたり，叩いたりして形状を変形させる。
- 機械加工：塊を切ったり削ったりして形状をつくる。
- 接　　合：他の部材とくっつけて形状をつくる。

最近では積層造形を行う 3D プリンタなどが安価に出回り，加工の幅を広げている。この実習では機械加工（穴あけ）と接合（ねじ止め）を行った。ここでは接合，特にねじ固定について解説する。ねじ固定に代表される機械的接合のほかに，溶接，接着などが有るが，ここでは，ねじによる接合について説明する。

7.1 ねじによる接合

接合にねじを用いると，分解と再組立てが容易になる。しかし，正確な締め付け作業を行わないと緩む可能性がある。今回の実習のように分解と再組立てを頻繁に行う場合，ねじが使われるが，初めての学生には力加減などが難しい点もある。正しい接合を行うには，ねじの種類と作業手順を理解する必要がある。

7.2 ねじの種類

ねじにはさまざまな種類があるが，詳しくは JIS B 0101 を参照してほしい。ここでは，ねじの基本的な構造と分類について説明する。ねじの構造を図 2.11 に示す。ここでは実習で使用するねじの頭部と軸部に注目して説明する。ねじを観察すると，ねじ山の付いた軸部と，太い径の頭部がある。軸部の直径を呼び径といい，ねじを表すための数値の一つに

なっている。

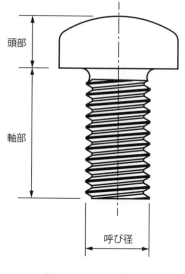

図 2.13　ねじの構造

1) 頭部の形状による分類

　頭部の形はさまざまあり，実習においても 2 種類のねじを使用用途に合わせて使い分けている。一つは頭部が丸みを帯びた形状で，なべをひっくり返したような形のなべねじである。もう一つは頭部の上面が平で軸部に向けて円錐状の形をした皿ねじである。なべねじは頭部が材料から飛び出るが，皿ねじは材料に皿穴（円錐状の窪み）を加工することで材料表面から頭部が飛び出ない状態で使用することができる（図 2.14）。

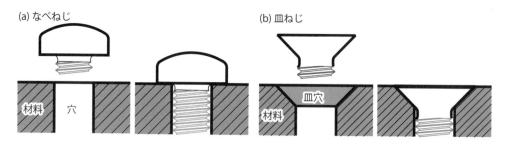

図 2.14　ねじの頭部の違い

2) 軸部による分類

　実習で使用するねじの軸部を観察すると，ねじ山の間隔が異なることが分かる。間隔が狭いねじはメートルねじでねじ山の間隔（ピッチ）は 0.5 mm であり，メートル法に基づいた寸法によってつくられたねじである。メートルねじを使用して固定する場合は同一の呼び径，ピッチでねじ溝があるナットを使用し，ねじの頭部とナットで材料を挟み込んで固定する。間隔が広いねじはタッピングねじと呼ばれる。ねじ自身でねじ立て（ねじ溝を材

料に加工すること）ができるねじである。タッピングネジを使用して固定する方法は片側の部材にねじ山を食い込ませてねじの頭部と食い込ませた材料で挟み込むことで固定する。タッピングねじを使うとナットが不要で便利だが，材料の強度によっては固定できる力に限界がある。また，複数回の締め付けと分解を繰り返すと，材料に刻まれたねじ溝が摩耗して固定できなくなる。

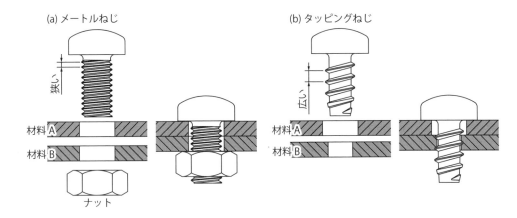

図 2.15　ねじの軸部の違い

7.3　ねじの呼び方

ねじの呼び方については，JIS B 0101 などの規格を参照してほしいが，一般的に使われる名称についても紹介する。ホームセンタでねじを購入する場合，「なべねじ M3×8」「皿ねじ M3×8」「タッピンねじ[1] 3×8」のように表記されることが多い。これらの表記では，「なべねじ」「皿ねじ」「タッピンねじ」がねじの種類を示している。「M3」の部分はねじの呼びといい，詳細は JIS B 0123 に規格されている。「M」はメートルねじであることを意味し，タッピングねじの場合は「M」が付かない。数字の「3」はねじの直径（3mm）を示し，×の後ろの数字はねじの長さを表している。

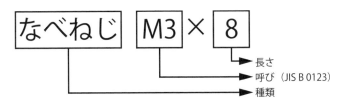

図 2.16　ねじの表し方

---

[1] 本書ではタッピングねじ（Tapping Screw）と表記しているが，日本産業規格（JIS）ではタッピンねじとされている。

第 IV 部

Hama-Bot 製作実習

第1章

Hama-Bot 製作の準備

1 この実習について

　この実習では，自律制御型走行ロボット・Hama-Bot を製作する。図 1.1 に，Hama-Bot の外観を示す。製作するロボットは，床面に引かれた黒色の線をトレースしながら任意の経路を移動する。このような任意の経路を移動する技術は工場内の無人搬送や，自動車の運転支援技術等に利用されている。この実習を行うにあたり，デジタル回路実習，プログラミング実習，Hama ボード製作実習で学んだ知識が必要となる。ロボットを含め，世の中の製品は 1 つの分野の知識だけで作られるわけではない。例えば，機械要素のイメージが強い自動車であっても，多くの電子部品や高度なアルゴリズムによる制御が組み合わさって成り立っている。これまでに学習・体験した知識を統合し，1 つの課題を達成する能力は，今後の学習や研究，さらには卒業後の活動においても求められる重要なスキルとなる。この実習を，その練習として取り組んでほしい。

図 1.1　Hama-Bot

2 Hama-Bot 製作実習全体の概要

第1章では，システム全体の設計から各部品の配置，回路の設計，アルゴリズムの設計に至るまでの基本設計を行う．特に，キーワードとして「課題の細分化」に触れ，ライントレースのように複数の要素が組み合わされた課題の考え方について学ぶ．また，動作の基本となるモータの選定についても解説する．第2章では，ライントレースで使用する赤外線センサを製作する．センサは各電子部品を基板に正確にはんだ付けすることで製作される．はんだ付けの際には，部品同士の接合がどのように行われるかを理解することが重要である．中学時代に技術の授業で体験した学生も多いかもしれないが，この実習ではさらに一歩進んだ学びを意識してもらいたい．第3章ではロボットの組立ておよび配線，そして動作確認を行う．ロボットの組立てでは，設計で決めた配置に従って部品を正確に結合していく．各結合には適したねじを使用する必要があり，部品の取り間違いには注意が必要である．そこで，段取り（準備）が重要となる．動作の確認では，前進，後退，右回転，左回転，停止の基本的な動作を確認する．しかし，すべてのロボットが動くとは限らず，組立て不良や回路の誤り，プログラムの間違いなどが原因で動作しない場合もある．そのような不具合が発生した場合には，トラブルシューティングの良い練習と捉え，積極的に取り組んで欲しい．

さらに Hama ボード製作実習では PDCA サイクルをものづくりの手順として紹介したが，Hama-Bot 製作実習においても例外なく，PDCA サイクルを意識して取り組むことが求められる．第1章の内容は Hama-Bot の設計であり計画（Plan）に相当する．第2章から第3章では実行（Do）に相当する赤外線センサの製作，ロボットの組立て，回路の作製，動作のプログラミングを実施する．各工程において適宜検証（Check）を行い，第3章の最後にはスイッチを追加して，合図によってロボットが動作を開始するように改善（Action）を実施する．

3 基本設計

3.1 課題の細分化

ライントレースとは，センサを使用して線状の目印を読み取り，その目印に沿ってロボットが移動する動作である．ライントレースを行うには，「前進，後退，右回転，左回転，停止といったロボットの移動に関する課題」「センサを用いて目印を読み取る課題」「読み取った情報をもとにロボットの動作を変更するという課題」が含まれている．つまり，ライントレースはこれら3つの課題が組み合わさった複合的な課題である．さらに，コースの形状によっては，「ラインが交差する交差点を認識する課題」が必要となる場合もある．図1.2には，ライントレースの課題を細分化したロジックツリーを示す．この図から分かるように，大きな目標であるライントレースも，小さく分解すれば，デジタル回路実習，プログラミング実習，Hama ボード製作実習で既に学んだ内容であることが理解できる．

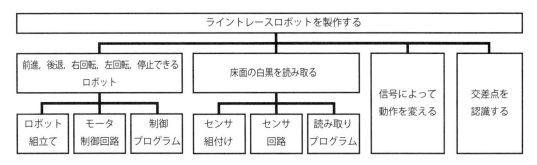

図 1.2　ライントレースにおけるロジックツリー

3.2　システムの設計

複数の要素（センサ，各種回路，プログラム，筐体など）が組み合わさったシステムを設計する際には，まずシステム全体の設計を行う。システム全体の構成を表現するためには，一般的にブロック図が用いられる。図 1.3 に Hama-Bot のブロック図を示す。各要素

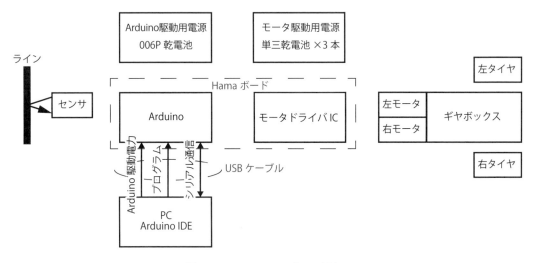

図 1.3　Hama-Bot のブロック図

はブロックで表現され，情報やエネルギーの流れが矢印で示されている。以下の説明を読み，図中に抜けている矢印を追加せよ。マイコン（Arduino UNO）の制御プログラムは，パソコン上の Arduino IDE でプログラミングされ，USB ケーブルを通じてマイコンに書き込まれる。マイコンは USB ケーブルを介してパソコンから給電され，動作する。また，USB ケーブルはマイコンとパソコンのシリアル通信にも使用される（この部分については図中に既に矢印で示されている）。マイコンへの電力供給は，USB に加えて 006P 乾電池からも可能である。乾電池を用いることで，パソコンとの通信はできなくなるが，ロボットを単独で動作させることが可能となる。マイコンが供給する電力により，赤外線センサは赤外線を照射し，対象物から反射した赤外線の量に応じた電圧信号を出力する。マイコンは，入力された電圧信号の値に応じて，左右のモータに順転，逆転の信号を出力する。し

かし，マイコン単体では十分な電流を供給できないため，モータドライバ IC を介してモータ駆動用電源からモータへ電力を供給することでモータを制御している．これらのマイコンと駆動制御回路には Hama ボードが使用される．モータから出力されたトルクは，ギヤボックス内でギヤ比に応じて増幅され，タイヤに伝わりロボットが動作する．また，ギヤ比に応じてモータの回転数は低下する．

3.3　形状の設計

次に，各要素の配置について検討する．各部品の配置は構想図を用いて検討する．図 1.4 に Hama-Bot の構想図を示す．基本的な構造として，複数の部品の位置関係を固定する単

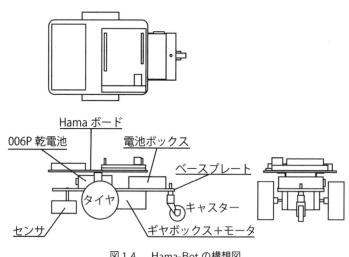

図 1.4　Hama-Bot の構想図

純な方法は，Hama ボードと同様に，1 つのプレート上に各部品を固定することである．今回も，1 つのプレート（以下「ベースプレート」と呼ぶ）に各部品を固定する構造とする．実習では，あらかじめ等間隔で穴が開けられたタッピングプレートを使用する．タッピングプレートを使うことで，各部品の位置関係の変更や新たなセンサの追加が容易になる．基本構造が決まったら，各部品の配置を検討する．配置を考える際は，重い物，大きな物，重要な物から位置を決めると良い．例えば，Hama-Bot では，ギヤボックスとタイヤ，キャスタの位置をまず決定する．ギヤボックスの配置の時点で，「前方 2 輪（ギヤボックスとつながった駆動輪）と後方 1 輪（キャスタ）」か「後方 2 輪（ギヤボックスとつながった駆動輪）と前方 1 輪（キャスタ）」とするかを決める．この実習では前者を採用している．また，モータがロボットの中心に配置されるように設計している．モータは構成部品の中でも重量があり，ロボットの中央付近に配置することで重心バランスが良くなる．移動するロボットや車両では，重心を適切に設定することが転倒やスリップを防ぐために重要である．部品の位置が決まったら，Hama ボードの位置を検討する．Hama ボードはシステム上パソコンとの接続やブレッドボード上のタクタイルスイッチを押す等，頻繁に触る部品で

あるため，アクセス性の良いロボット上面に取り付ける。Hamaボードを直接タッピングプレートに固定すると，電池ボックスの置き場が無くなるため，スペーサを用いてHamaボードとタッピングプレートの間に隙間を作る。電池ボックスも重量物であるため，前輪と後輪の間に配置すると重量バランスが良い。最後に，センサは床面に向けて配置する。センサの設置には長いねじを使い，高さの調整を容易にするよう工夫している。構想図でおおよその配置を決定した後，図面で正確な位置を示すことで，情報を正確に伝えることができる。図1.5に外形図を示す。

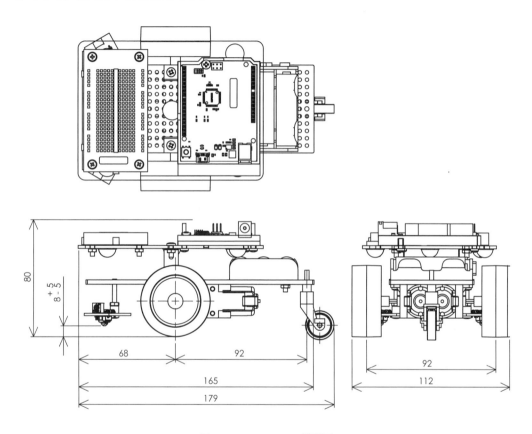

図1.5　Hama-Botの外形図

3.4　モータ駆動制御回路の設計

モータを駆動するには，駆動制御回路が必要である。ここでは回路設計について説明する。また，センサにも回路が必要だが，センサ回路については第2章で解説する。モータを順転・逆転させ，ブレーキをかけるにはHブリッジ回路が必要となる。Hブリッジ回路を備えたICとしてTA7291Pがある。ここではTA7291Pを使用した回路について考える。図1.6に駆動制御回路の回路図を示す。図中には一部の接続のみが記載されている。以下の説明を読み，残りの接続を書き加え，回路図を完成させよ。ロボットには2個のDCモー

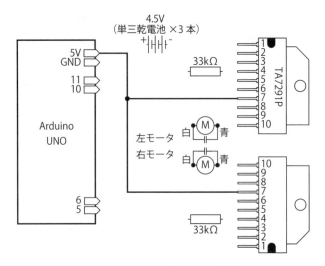

図 1.6 モータ駆動制御回路 回路図

タがあるため，モータドライブIC（以下「IC」と呼ぶ）も2個必要となる。ICの動作には電力が必要であり，ロジック側電源端子（Vcc）から電源を供給する。Vccにはマイコンからの5V出力を使用する。マイコンから供給される電源はICの動作用であり，モータへの出力に使用される電源は別途単三乾電池3本を用い，電源のプラス極側を出力側電源端子（Vs）に接続する。マイコンのGNDと単三乾電池のマイナス極，ICのGND端子を接続する。ICの制御電源端子（Vref）は，保護抵抗33kΩを介して出力側電源端子（Vs）と接続する。モータの回転を制御するためには，1つのICに対して2つの制御信号が必要であり，合計4つの制御信号をマイコンから出力する。表1.1に制御信号と動作の関係を示す。ここでは，マイコンのD5, D6, D10, D11の4つのピンを制御用の出力に設定し，ICの入力ピン（5番ピン/6番ピン）へ接続する（D5/D6は右側のDCモータ，D10/D11は左側のDCモータの制御用として使用する。D5/D11は5番ピンへ，D6/D10は6番ピンへ接続する）。入力された制御信号はIC内で処理され，出力が決定される。ICの出力（2番ピン/10番ピン）にはモータの動力線を接続する（2番ピンに白線，10番ピンに青線）。D5/D11をHighに，D6/D10をLowにした場合，モータに接続したタイヤは順転し，逆にD5/D11をLowに，D6/D10をHighにした場合は逆転する。この関係をもとに，回路図を完成させよ。

3.5 動作確認用プログラムの設計

筐体や回路の設計と並行して，プログラムの設計も必要である。各命令の詳細な説明はプログラミング実習で扱うため，ここではプログラム設計に焦点を当てる。プログラムの基本構造には，順次構造，反復構造，選択構造の3種類があり，これらを組み合わせることで複雑な処理が可能となる。しかし，組み合わせが複雑になると，次にどの命令が実行

表 1.1 制御信号と動作の関係

左側			右側		
Arduino I/O		タイヤ動作	Arduino I/O		タイヤ動作
D11	D10		D5	D6	
TA7291P			TA7291P		
5 (IN1)	6 (IN2)		5 (IN1)	6 (IN2)	
High	Low	順転	High	Low	順転
Low	High	逆転	Low	High	逆転
Low	Low	停止	Low	Low	停止
High	High	ブレーキ	High	High	ブレーキ

されるかが分かりにくくなる場合がある．したがって，設計時にはフローチャートを用いてプログラムの流れを視覚的に理解することが有効である．図 1.7 に 3 つの基本構造を示すフローチャートを示す．また，フローチャートの記載ルールについては，JIS X 0121 に

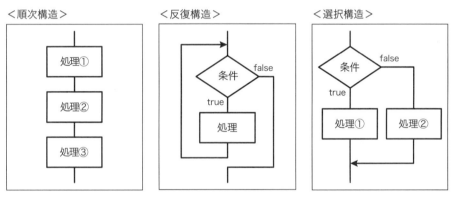

図 1.7　プログラムの基本構造（フローチャート）

基づいているため，必要に応じて参照してほしい．今回の実習では，動作確認を目的とするため，3 つの構造の中で最も単純な順次構造を使ってプログラムを設計する．具体的には，右タイヤを 0.5 秒順転させた後に 0.5 秒停止し，次に左タイヤを 0.5 秒順転させた後に 0.5 秒停止する．その後，両タイヤを 1 秒順転，1 秒停止，1 秒逆転，1 秒停止という動作を繰り返すプログラムを作成する．図 1.8 に動作確認用プログラムのフローチャートを示す．プログラムは，Arduino に電力が供給される（USB 接続または DC ジャック接続）ことで開始する．Arduino では，まず setup 関数が実行され，その後，loop 関数が繰り返し実行される．setup 関数には，Arduino の起動時に一度だけ実行してほしい命令を追加する．今回のプログラムでは，各ピンの入出力設定を行う．loop 関数には，setup 関数実行後に繰り返し実行される命令を追加する．右タイヤを 0.5 秒順転させる命令を詳しく確認すると，D5 から High の信号を，D6 から Low の信号を出力する必要があることが回路設計で決定

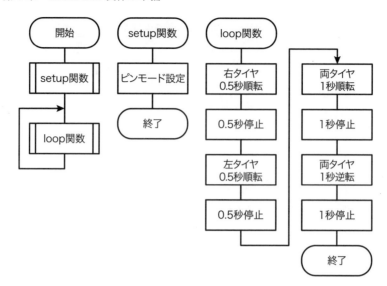

図 1.8　動作確認用プログラムのフローチャート

されている。これらの信号を出力した後，次の命令が実行されるまで指定の時間だけ待機することで，右タイヤ 0.5 秒順転の命令が完成する。他の命令についても回路設計で示した表を参照して命令を完成させる。

4　モータの選定

Hama-Bot ではタイヤを駆動するためにモータを使用した。モータは電気エネルギを機械エネルギ（今回の場合は回転運動）に変換する装置であり，モータの選定はシステム全体の性能を決める重要な項目である。そこで使用する DC モータについて特性とモータと共に使用される歯車について解説する。

4.1　DC モータについて

モータは，電気エネルギを機械エネルギに変換する装置である（図 1.9）。入力された電気エネルギ，出力される機械エネルギは，仕事率 [W]（1 秒間に行われる仕事の大きさ）を単位に次のように表される。

入力電力 [W] ＝ 電圧 [V] × 電流 [A]

機械出力 [W] ＝ 角速度（回転速度）[rad/s] × 回転力（力のモーメント＝トルク）[N·m]

　　　　　　 ＝ 2π × 回転数 [rpm] × 回転力（トルク）[N·m]/60

図1.9　モータの役割

入力電力に対する機械出力の比は，モータ効率と呼ばれるものであり，次式のように表される。

モータ効率 [%] = (機械出力 [W]/入力電力 [W]) × 100

モータによる電気エネルギから機械エネルギへの変換では，入力された電気エネルギのすべてが，機械エネルギに変換されることはない。一部は，熱になってしまう（これを損出という）。損出には，摩擦，振動のような機械的な原因によるものもあるが，ほとんどは銅線内の損出（銅損）と鉄心内の損出（鉄損）である。モータ製造分野では，地球温暖化防止のため，損出の少ない，効率の良いモータ開発が重要な課題の1つとなっている。

DCモータは直流電源につなぐと回転し，つなぐ電源の極性で回転方向が変わる。回転の速さ，トルク（力のモーメントに相当するもの）は，つなぐ電源の電圧（印加電圧）とトルクの大きさに依存する。図1.10に，実習で用いるDCモータ（マブチモータ FA-130RD-2270）のトルクの標準性能線図（1.5V印加時）を示す。図はDCモータに安定化電源などで一定電圧を印加した状態で，横軸にトルク T [N·m]，縦軸に回転数 N [rpm]，入力電流 I [A] および出力 P [W]，効率 η [%] を表記したグラフである。入力電流，回転数の変化線は，それぞれ，電流線（I_0 と I_S を結んだもの），回転線（N_0 と T_S を結んだもの）と呼ばれている。図より，DCモータは，トルクを増やしていくに従って回転数が直線的に下がり，入力電流は反対に増加していくことがわかる。

トルクと出力との関係を表す出力線は，横軸のトルクに対して出力をプロットしたものであり，ある回転数で極大を取ることになる。出力が最大になるのは，無負荷回転速度の約1/2の速度で最大となる。効率が最大になるのは，無負荷回転速度と最大出力回転数の間で，無負荷回転速度より低い速度で得られる。

問：モータの適正使用条件とは，出力曲線 P が最大の付近ではなく，効率曲線 η の最大付近に設定されている。なぜか？

問：小型のモータの場合，図1.10に示すように，効率 η は良くない。最大でも投入したエネルギーの半分弱しか，回転運動に変換されていないことを示している。残りのエネルギーは，どうなってしまったのか？

3輪走行ロボットでは，路面の状況によってモータにかかる負荷が変化し，障害物に衝突すると停止することもあり得る。モータの起動時，停止時には大きな負荷がモータに

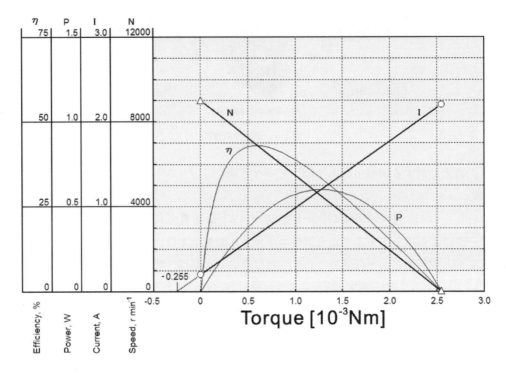

図 1.10　マブチモータ FA-130RD-2270 のトルク特性 N：回転数 [rpm]，I：入力電流 [A]，P：出力 [W]，η：効率 [%]（無負荷回転数 $N_0 = 9000$[rpm]，無負荷電流 $I_0 = 0.20$[A]，停動トルク $T_S = 2.55 \times 10^{-3}$[N·m]，停動電流 $I_S = 2.2$[A]）

かかり，大きな電流が流れてしまう．FA-130 の場合，停止時から回転をさせる場合には，200 mA～2 A 程度の電流が必要となる．DC モータをマイクロコンピュータで駆動させる場合，以下の問題が現れる．

問題点 1：マイコンの出力ポートから大きな電流を取り出すことはできない．また，大きな電流を作り出すこともできない．すなわち，直接 DC モータを駆動させることはできない．

解決策：トランジスタスイッチ，専用ドライバ IC を使用する．

　Arduino などに取り付けられた電子部品は，流すことができる電流に限界値（通常は 10 mA 程度）があり，DC モータを直接接続すると Arduino のマイコンのポートに大きな電流が流れ，内部回路が破壊されてしまう．DC モータの回転の ON/OFF を制御するためには，トランジスタによるスイッチを使用すればよい．しかし，この場合は，モータは同じ方向にしか回転しない．Hama-Bot で前進，後退，回転をさせるためには，左右のモータが独立して，正転，逆転や停止動作ができなくてはいけない．このような用途には，トランジスタによるブリッジ回路を作製するか，専用のモータドライブ用の IC を使用する．実習では，東芝製の TA7291P という IC を用いている．この IC は，Arduino などのマイコンの I/O ポートに直接接続することができ，プログラミングによりモータを簡単に制御できる．

問：モータの停止状態でモータに流れる電流は何によって決まるか．

問：モータが破損する原因として考えられるものを述べよ。

問題点 2：モータ単独では車輪を回すほどのトルクがでない。また，DC モータ単独では回転速度が速すぎる。

解決策：モータの回転を歯車を用いて調整する（次項）。

4.2 歯車（ギヤ）について

歯車は，動力や運動を確実に伝えるために使われ，回転数，回転力（トルク），回転方向を目的に合わせて調節する機械部品である。機械の回転運動は，モータなどの高速の回転を減速しながら用いることが多く，このような目的に歯車が使われている。図 1.11 に歯車の例を示す。図で左の原動車が左回転すると，右の従動車は右に回転する。2つの歯車の歯の数が同じであれば，歯車の回転数は同じであるが，従動車の歯車の歯数が原動車の2倍であれば，原動車が1回転しても従動車は半回

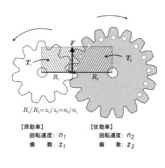

図 1.11 歯車の例

転しかしない。しかし，2倍のトルク（＝歯車にかかる力 × 車軸までの距離）が生成する。歯数がそれぞれ z_1，z_2 の歯車を組み合わせ，歯数が z_1 の歯車を T_1 のトルクで N_1 回転させた場合，歯数が z_2 の歯車の回転数 N_2 とトルク T_2 は，以下の通りとなる（歯車の原理）。

$$N_2 = N_1 \times (z_1/z_2)$$
$$T_2 = T_1/(z_1/z_2)$$

なお，両者のトルクと回転数の積は等しく（$T_1 \cdot N_1 = T_2 \cdot N_2$），歯車によりトルクと回転数を変換することはできるが，実際になされる仕事の量は変えられない。

歯車の働きの1つに速度を変えることがある。これを速度比というが，図 1.11 を例に取ると，ギヤ比（従動車と原動車の歯数の比）とは，以下の関係式が成り立っている。

$$速度比 = \frac{従動車の回転速度 n_2}{原動車回転速度 n_1} = \frac{z_1}{z_2} = \frac{1}{ギヤ比}$$

1) ギヤ比とは

モータと回転させたい所（この場合はタイヤ）がどのくらいの比率で動いているのかを表したものである。これが変わることにより，回転数に違いが生じ，ロボットの力や動く速さが変わる。この比率を変えるためには，ギヤボックスの中のギヤを減らしたり，歯の数を別のギヤに替えれば良い。

2) 歯車の強度・材質について

　歯車の強度は，歯車の材質によって大きく異なる。市販されている歯車の材料では，炭素鋼（S45C）やステンレス鋼（SUS304）が一般的である。アルミニウム，銅，黄銅が使われる場合もある。小型の歯車では，炭素鋼やステンレス鋼のほか，黄銅製（C3604B）やプラスチック製（ポリアセタールなど）の歯車も使われている。プラスチック製の歯車の場合，金型成形による大量生産が可能であり，比較的安価に生産できる。また，強度についても，樹脂でありながら堅く，軽量である。最近では，ポリアセタール（POM）などのエンジニアリングプラスチックを用いて成形された樹脂製歯車は，カラーコピー機に代表されるような，非常に高い精度が要求される部品にも使用されている。実習で用いられているギヤボックス内の歯車もプラスチック製で，素材はポリアミドである。

問：歯車にプラスチックを用いる利点と欠点について調べよ。また，使われている歯車の素材について調べ，一般のプラスチック（ポリビニル系プラスチック）と比べ，どのような相違がみられるかについても述べよ。

3) 歯車の組み合わせについて

　歯車の歯数の組み合わせは自由であるが，大きな力を伝達するときや，滑らかさを必要とするときは歯数が互いに素でなければならない。いつも同じ歯同士が当たると，微小な傷が大きくなったり，特定の箇所で音が発生し，寿命が短くなるためである。互いに素である組み合わせを用いると全体が均一に磨耗し，歯当たりが滑らかになる。自動車の歯車，ぜんまい式掛時計の長針短針の関係を作る歯車（日の裏歯車という）を除くすべての歯車はこの組み合わせを採用している。

　歯車の材質はなるべく異種の組み合わせが望ましい。同種の組み合わせは摩擦係数が大きいからである。また，小歯車は硬い材料にしておかないと先に磨耗する。

問：大きな力を伝える場合や，なめらかさを必要とする場合，歯数に関してどのような条件が必要とされるか。

問：歯車の材質はなるべく異種の組み合わせが望ましい。その理由を述べよ。

問：現状では歯車が使われているが，歯車以外の動力伝達機構を使うことによって高性能化が図られると考えられる機械をあげよ。また，その理由も述べよ。

第 2 章

はんだ付けと回路検証・動作確認

- この実習の内容
    1. はんだ付け技術を学ぶ
    2. 金属材料についての知見を広げる
    3. 回路基板上に電子部品を実装（はんだ付け）する
    4. 作製した回路が正しく動作することを確認する
    5. モータへより線のはんだ付けを行う
- 各自用意するもの

名称	数量等	備考
プリント基板	2	赤外線フォトリフレクタ用基板
赤外線フォトリフレクタ	2	TCRT5000
抵抗（1 kΩ，1/4W）	4	カラーコード：茶・黒・赤
抵抗（10 kΩ，1/4W）	2	カラーコード：茶・黒・橙
可変抵抗器（30 kΩ）	2	TSR-3362W
ピンヘッダ（L 型）	2	3 ピン
練習用基板	1	
スズメッキ銅線		
モータ	2	ギヤボックスセット
平行ケーブル（SP コード青白，25 cm）	2	0.3SQR，銅より線，芯径 0.3 mm
セラミックコンデンサ（0.1 μF）	2	
はんだごて	1	20 W または 70 W（温度調節機能付）
こて台	1	
糸はんだ	1	
ヘルピングハンド	1	はんだ付け用サポート工具
ニッパ	1	
ラジオペンチ	1	
テスタ	1	
部品トレー	1	
Hama ボード	1	

1 実習の概要
1.1 接合方法としてのはんだ付け

　金属と金属とを接合する技術は，ビル，橋，航空機，船舶，自動車など大型建造物から，空調器，家電製品などの一般機器，コンピュータ，時計など各種電子機器にいたるまで，様々な所で使われている。金属同士を接合する主要な技術に溶接法がある。溶接法には，加熱した金属同士を強くたたいて接合する"圧接"，金属の一部を溶かして接合する"融接"，接合する金属よりも融点が低い金属を接合部に流し込んで接合する"ろう接"がある。

　はんだ付けは，ろう接の中でも"軟ろう付"と呼ばれるもので，JISでは「接合母材を溶解することなく，その継手すきまに母材よりも融点の低い金属または合金を溶解・流入せしめて接合する」と定義されている。この継手すきまに溶解・流入させるものが"はんだ"と呼ばれ，金属同士の接合（機械的，電気的）を確実にするためには，溶けたはんだが接合させる母材の金属表面によくなじむことが大切である。また，はんだは，金属間にただ存在するのではなく，はんだと金属との界面に合金層が適度に形成されることが大切である。

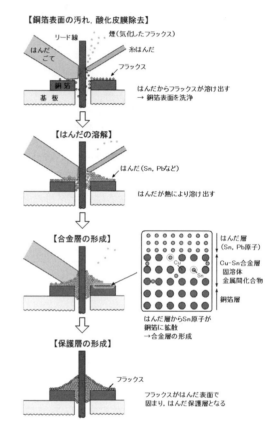

図2.1　はんだ付け作業工程とその役割

　はんだ付けに関連する学問分野は，物理学（ぬれ，拡散，溶解など），化学（フラックスの化学作用，酸化・還元など），金属学（合金，金属組成など），電気電子学（電気抵抗，酸化還元電位，熱起電力など），材料力学（強度，疲労，剥離など）まで多岐多様に渡っている。技術的な観点からはんだ付けを確実とするためには，はんだの組成，ぬれ性を左右するフラックスの役割，はんだ付けされた金属界面の構造について理解しておくことは大切である。

　はんだ付けの作業工程と役割を図2.1に示すとともに，以下にまとめる。

① はんだ付け面の加熱：はんだ付けを行う電子部品のリード線と基板表面の銅ランド面の両方を加熱し，以降の作業をしやすくする。

② 銅箔表面の洗浄：はんだから溶け出したフラックスにより，銅箔表面上の汚れや，酸

化被膜を除去する。
③ はんだの溶解：銅箔表面，リード線部にはんだ成分を溶かして流し込む。
④ 合金層の形成：はんだと銅箔との接合力を増すため合金層を形成させる。
⑤ はんだ付け面の冷却（はんだの固化）：はんだ成分を固化させることにより，リード線－銅箔とを物理的に接合する。同時に，電気的な導通が得られる。

1.2 金属材料の観察と評価

金属とは，展性，延性に富み，電気および熱の良導体であり，金属光沢という特有の光沢を持つ単体物質の総称である。水銀を除き常温・常圧状態では固体であり，機械加工が可能である。金属を素材とした材料には，板材，棒材，線材があり，金属の特徴や使われる環境に応じて加工方法を選択しなければならない。実習で取り組んでいるはんだ付けに対しても，適した金属とそうでない金属がある。銅，真鍮，鉄は比較的容易にはんだ付けができるが，ステンレス，アルミニウムは，はんだ付けが難しい。金属の表面状態，はんだと金属との間の電極電位差がはんだ付けを左右する因子である。

ここでは，はんだ付け加工を通して各種の金属材料の違いとその原因について学ぶ。

1.3 センサ回路基板の作製

1) 電子部品の取り付け（はんだ付け）

電子部品をプリント基板へ実装して図 2.2 に示す赤外線フォトリフレクタを搭載したセンサ回路基板を作製する。作製するセンサ基板の回路図を図 2.3 に，部品リストを表 2.1 に

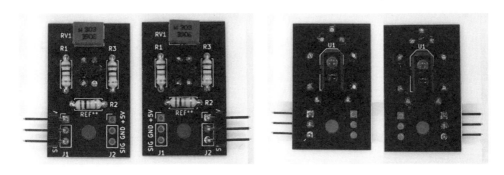

(a) おもて面　　　　　　　　　　　(b) うら面

図 2.2　作製するセンサ回路基板

示す。

部品の実装は，取り付ける電子部品をそのまま基板に挿入，あるいはリード線がある部品はリード線を適時折り曲げて基板に挿入した後，はんだ付け作業で行う。工業的な電子基板作製は，機械化あるいは自動化されていて，①前処理（電子部品のリード線研磨，予備はんだ付，整形など），②部品取付け，③フラックス塗布，④加熱・はんだ付け，⑤冷却，

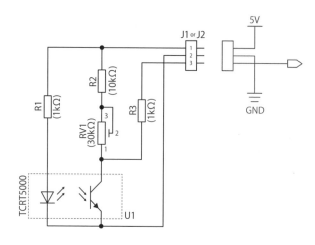

図2.3 赤外線フォトリフレクタ基板の回路図

表2.1 赤外線フォトリフレクタ基板の部品リスト

部品番号	仕様	数量	備考
U1	TCRT5000	2	赤外線フォトリフレクタ
R1	1 kΩ	2	1/4W カーボン抵抗
R2	10 kΩ	2	1/4W カーボン抵抗
R3	1 kΩ	2	1/4W カーボン抵抗
VR1	30 kΩ	2	可変抵抗器
J1/J2	3 ピン L 型	2	
-	プリント基板	2	

⑥洗浄（フラックスの除去），⑦回路チェックの各工程を経て行われている。ここでは，①工具類，部品類の確認，②部品の取付け，③はんだ付け，④回路チェックの順に行う。

2) 回路チェックについて

　回路チェックは，製作した回路基板の構造を理解した上で行わなければ意味がない。各電子部品個々の性能を理解するとともに，それらを回路図のように配置した場合に各素子がどのように振る舞うかを具体的にイメージしながら進める必要がある。例えば，センサ回路基板には外部との接続端子（J1またはJ2）が取り付けられている。この接続端子からセンサ回路へ電源の供給と信号の取り出しを行うが，どの端子を電源の正極・負極に繋ぐのか，信号はどのような信号が出力されるか理解していなければ，確認した内容が正しい状態であるか判断することができない。

1.4　モータ配線のはんだ付け

1) より線の取り扱い

　電気配線において，配線の断面積（線径）を大きくすることは，金属の性質から配線自体の電気抵抗を低下させる有効な手段である。一方で，線径を太くすることは金属としての

剛性を高め，配線を取り回すために曲げたりといった加工をしづらくさせる。身の回りにある電化製品では壁などにあるコンセントから機器までコードで接続しているが，使用しているコードは柔らかく取り回しやすい。これは，電気コード内が細い複数の銅線により構成されているためである。細い金属線は柔らかく，しなやかに曲げることができる。細いことで線一本自体の電気抵抗は大きくなるが，複数の細い線を束ねることで断面積を大きくし，全体として電気抵抗を小さくすることもできる。こうした電気コードのように細い銅線を複数集めた配線を「より線」と呼ぶ。ロボットに於いても，内部であちらこちらへ配線を取り回したり，関節付近で動きに合わせて配線が動くこともある。こうした場合もより線を用いた配線を行うことで，取り回しをよくする。

　より線は複数の細い銅線を並行に束ねているだでなので，被覆を剥がすと広がってしまい取り扱いにくい（図 2.7(a)）。特に，ブレッドボードを用いた場合，細い配線が広がってしまい穴に刺さりにくかったり，正しく配線が接続されない場合がある。これは，これまでに用いてきた単線（一本の銅線にビニルで被覆された配線）と比べた場合のデメリットである。そこで，より線の被覆を剥いた部分を撚り合わせ，はんだでコーティングすることで単線のように扱いやすくする処理を行う。この処理を「はんだ上げ」と呼び，ブレッドボードで扱いやすくするするだけでなく，別の機器にはんだ付けする際の前処理として行うことではんだ付け作業を行いやすくする。

2) モータのノイズ対策

　DC モータはその構成から回転時に電気ノイズを発生させる。大きな電気ノイズは接続する機器の破損や，周辺の機器の誤作動を誘発するため，可能な限りノイズを除去することが好ましい。電気ノイズは大きな電圧の揺らぎであり，除去方法には様々あるが，簡易的には発生源の近傍にコンデンサを設置することである程度ノイズを除去することができる。DC モータではブラシ部分からノイズを多く発生するため，ブラシに繋がった端子部分にリード線と共に，セラミックコンデンサをはんだ付けすると良い。

2　はんだ付けの手順

2.1　基板の設計

1) 回路設計

　はんだ付けは何か作製したい電子回路を実現するための手段の一つである。そのため，はんだ付けを行う前に，作製したい回路を設計するところから始める必要がある。どのような電子部品を組み合わせて，どのような機能の基板を作りたいのかしっかりと検討する。検討した結果は回路図として書き出し，整理するとともに，各部品をリストアップする。また，簡単な回路であれば，ブレッドボードを用いて回路を試作するなど，設計した回路が適切であるか検証すると良い。

2) 部品のレイアウト

回路設計ができたら，実際に基板として作ることを考える。実際の電子部品は回路図では表現されない大きさを持つため，部品同士の干渉や，電子部品の端子の取り出し位置等も考慮して配置する必要がある。また，基板サイズや取り付ける空間の大きさなど，実際に運用する場所を含めて部品配置を考慮する必要がある。例えば基板をネジで固定する場合は，固定するために用いるネジ（回路図に存在しない）をどこに配置するかも考えなければならない。必要に応じて，基板の片面のみを利用したり，裏表両面に電子部品を配置することで，部品の密度を上げることを検討する場合もある。

基板上では電子部品だけでなく，各電子部品の端子を繋ぐ配線が必要となる。様々な部品が存在すると，配線の取り回しも複雑になるため，部品の配置と合わせて配線の取り回しも検討する。また，プリント基板のようにあらかじめ配線を基板上に配置して，部品のみをはんだ付けすることで回路を完成させる場合もある。この場合，専用のCADソフト等を利用して設計する必要があるが，配線が基板の同一面で交差できないため注意が必要である。

実際にはんだ付けを行うと，想定外のトラブルを含んでいる場合もある。実際に次工程以降のはんだ付けや回路検証を行いながら，回路の修正や再設計を行い，希望する基板を作り上げる必要がある。

2.2 使用機器と環境

センサ回路基板の製作には工具類（図 2.4）が必要となる。また，作製する回路に応じた部品類を準備する必要がある。はんだ付けで使用する部品類のほとんどは形状が小さいため，プラスチック製のトレイ等に収納して使用するとよい。製作に取り掛かる前に，各自，部品類に過不足がないことを確認する。ものを作る上では，抵抗が1本足らなくても完成しない。確認作業は時間を要するものであるが，後のことを考えると大切な作業である。

図 2.4　製作実習に必要な工具類（ラジオペンチ，ワイヤストリッパ，ニッパ，こて台，はんだこて，テスタ）

また，こて先の温度は 200～300°C 位までになるため，やけどや火災といった安全に対する配慮も必要である。作業環境を整理・整頓し，安全に作業できる環境を準備するとともに，周囲の人に対してもはんだ付けを行うことを周知し，予想し得る危険性やその対処に関して十分に対話する。

2.3 はんだ付けの準備

① はんだごての準備 — はんだごて（電気容量 20 W タイプまたは温度調節機能付の 70 W タイプ）を通電するとともに，こて台のスポンジに水をしみ含ませておく（余分な水は絞っておく）。

- はんだごての電気ケーブルは作業中に体あるいは他の物にひっかけたりしないよう，安全な位置に配置する。また，作業中は絶えずコードの存在を念頭に置き，コードのからみ等に注意を払うよう心掛ける。
- はんだ付け作業により，こて先はフラックス残渣（炭化物）や酸化被膜で覆われてしまう。スポンジは，これらを除去するために使用する。

② こて先の洗浄 — はんだごてが温まっていることを確認したら，こて先をスポンジで拭いきれいにする。こて先ははんだで薄く覆われ銀色に光っていることを確認する（図 2.5）。

- はんだごては，握るのではなく，鉛筆を持つように持つとよい。
- はんだごてが十分に加熱されている場合，こて先にはんだをつけるとはんだが溶けて，こて先を覆うように薄く広がる。はんだがうまく溶けないようであれば，少し時間を置きはんだごてが十分に加熱されるまで待ち，はんだごての加熱状態を確認する。
- こて先が汚れたままはんだ付け作業を行うと，はんだが溶けにくくなり，はんだの仕上がりが悪くなる。作業中はこて先の状態には絶えず注意を払い，きれいな状態を保つことを心掛ける。

図 2.5　こて先の洗浄

2.4 はんだ付け

図 2.6 の工程に従って行う。

① 前加熱 — はんだ付け箇所（リード線の根元とランド）にこて先を押し付け，リード線とランドを同時に加熱する（約 3 秒）。加熱中を含め，③の段階までこて先は動かさない。前加熱の時間はリード線とランドの熱容量の大きさに応じて調整する。リードの金属部分が大きい，ランドがグランド配線につながっている場合，熱容量が大きいの

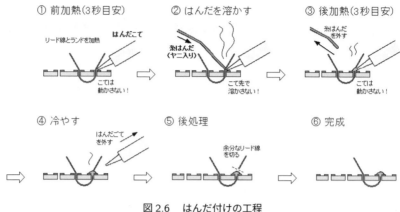

図2.6　はんだ付けの工程

ではんだ付けは難しくなる（こての当て方を工夫したり，加熱時間を長くする）。

② はんだを溶かす ─ こて先以外（こて先と反対側のリード線，あるいはランド部）で，糸はんだ（フラックス入り）を接触させて溶かす。こて先は動かさず加熱し続ける。糸はんだはこて先で溶かさないことが推奨されるが，前加熱が足りずはんだが溶けない場合，ごく少量のはんだをこて先とリード線の間で溶かし加熱特性を向上させた後，引き続き他の箇所ではんだを溶かしてもよい。

③ 後加熱 ─ はんだを適量溶かしたら糸はんだを離す。こて先は動かさずに3秒位加熱し続ける（後加熱）。この間，はんだと接触しているリード線とランド部に合金層が形成されるので，溶けたはんだがランドとリード線部に一様に広がることを確認する。

④ 冷やす ─ はんだの広がりを確認したら，こて先を離し加熱を止め，はんだ付け箇所を冷却する。

⑤ 後処理 ─ はんだ付けした箇所が冷え，はんだ形状に問題がない場合，余分なリード線をニッパで切断する。リード線は長いままにしておくとショート等の事故の原因となる。すべてのはんだ付け作業が終了した時点で余分なリード線を切断してもよいので，必ずこの処理は行う。なお，リード線の切断時に切ったリード線が弾丸のように飛び散るので，リード線の先を指で押さえながらニッパで切断する。

⑥ 完成 ─ はんだ付け箇所がはんだ不足で「穴」が開いている，「いもはんだ」や「つの」状態になっている場合，完全に冷えるまで待って，①の工程から再度，はんだ付け作業（少量のはんだを足す）を行う。はんだ付け箇所をはんだごてを使ってケーキのデコレーションのようにはんだを溶かしながら修正し，形を取り繕う例がときどき見受けられる。これは全く意味がない行為である。はんだ付け箇所の形は，③の工程をしっかりと行うことででき上がるためである。

- はんだ付け工程は，溶かすはんだの量が重要である。はんだは少な目が良く，はんだ付けが終了した後のリード線の根元が部品面を上にしたとき，逆さ富士の形状になる位の量がよい（はんだ付けはリード線の全周に行うこと）。また，こて先

を離すタイミングも重要である。ちょうどよいタイミングでこて先を離した場合，はんだ付け表面はなめらかで，しかもフラックスで覆われはんだに輝きがある状態となる。早すぎた場合，加熱不足により「いもはんだ」状態となる。遅すぎた場合，はんだの輝きがなくなり，こてを引き離した際に，はんだが引き付けられ「つの」ができてしまう。

- はんだ付け工程全体の作業時間は，はんだ付け部分の大きさや清浄度により異なる。抵抗などの部品の場合，1〜6秒くらいを目安とする。長時間加熱すると，はんだ付けの仕上がりが悪くなるとともに，電子部品を破損したり，ランドが基板から剥がれたりするので注意する。

2.5 基板への電子部品のはんだ付けにおける注意点

基板上に多数の電子部品をはんだ付けする際には，以下の【注意事項】に留意して行う。

【注意事項】

- 基板へのはんだ付けは背の低い部品，奥まった箇所に取り付ける部品から順次行う。背の高い部品，手前の部品を先に付けてしまうと，他の部品の取付けに支障を来たす場合がある。
- リード線の長い部品（抵抗，LED，ダイオードなど）は，基板上の取付け箇所の穴の間隔に合わせリード線を曲げてから取り付ける。リード線ははんだ付け面の根元で少し曲げておく（部品の脱落防止）。
- 極性や方向のある部品（電解コンデンサ，LED，ダイオード，スナップオン，タクトスイッチなど）は，取付け方向に注意する。なお，抵抗，スライドスイッチ，ピンソケット，ピンヘッダは極性や方向がない。
- 部品の配置箇所を確認する。
- リード線を加熱し過ぎない ─ コンデンサ，LED などは過熱により破損しやすい。
- 電子部品は基板面に密着するようにはんだ付けを行う ─ スイッチ，スナップオンなど使用時に力がかかる電子部品は，取り付け部分が基板から浮いている場合，度重なる使用によりランドの銅箔部が基板からはがれる場合がある。
- 端子が多く出ている電子部品のはんだ付けは，一度に行わない ─ ピンソケット，ピンヘッダなど端子が多い電子部品をはんだ付けする際は，角の1カ所をはんだ付けした後，はんだ付け箇所をはんだごてで温めながら，部品の基板からの浮きや傾きを修正する。次に反対側の端子のはんだ付けを行い，同様に基板からのずれを修正する。最後に残りの部分を順次はんだ付けする。
- ピンソケットやピンヘッダのはんだ付け作業は専用の固定治具（ホルダーなど）がある場合は使用すると安定する。固定治具がない場合は電子部品を配置した後で，部品が抜け落ちないように注意しながらひっくり返して，部品面をテーブル等に直接

202　第 2 章　はんだ付けと回路検証・動作確認

置いて作業すると作業しやすい。
- 余分なリード線はニッパで切断する。リード線が長く残っていると，他の金属部分と接触してショートなど思わぬ事故，故障の原因となる。

2.6　はんだ上げ

リード線のはんだ上げは以下の手順で行う。

　　　　(a)　　　　　　　　　　　　(b)　　　　　　　　　　　　(c)

図 2.7　はんだ上げの手順

① リード線の切り出し

リード線は，配置する部品の位置に合った長さとなるよう，被覆線（銅撚り線）を適当な長さに切断して用意する。

② リード線の先端被覆の切り取り

リード線（平行コード）先端の 2 本の線が合わさっている部分を 3 cm 程度，手でさく。続いて，先端の被覆をワイヤストリッパで 5～10 mm 程度むく（図 2.7(a)）。

※ ワイヤストリッパには，導線の径ごとに違った穴があいている。中の導線の径（太さ）に合った穴に差し込み，被覆のみを切断するように心掛ける。導線の径が不明な場合は，ワイヤストリッパの大きな径の穴から順に用いる。

③ リード線先端の導線の撚り上げ（図 2.7(b)）

被覆をはがした先端部は，細い銅線の束となっている。銅線の束がばらばらにならないよう手で撚っておく。リード線の先端処理は，この作業も含めすべてのリード線先端部について行う。撚りが甘いと，はんだ上げした際に広がってしまうため，根本から先端までをしっかりと撚り上げる。

④ リード線先端の導線のはんだ上げ（図 2.7(c)）

③で撚りあげたリード線の先端部分に，あらかじめはんだを少量盛る（この処理を "はんだ上げ" という）。はんだ上げ作業は，リード線の先端の被覆の部分をヘルピングスタンドなどで固定して行う。はんだごてを撚った銅線の中央付近を下からすくい上げるようにして当て，銅線が温まったら，銅線にはんだを少量熔かし込むようにして行う。図 2.8(a) に，リード線の先端部をはんだ上げしたリード線を示す。リード線の被覆を剥いた部分が，根本から先端まで均一に薄くはんだでコーティングされた状態が好ましい。また，良くない例として図 2.8(b) は撚りが不十分な場合，図 2.8(c) ははん

だが多くこての抜きさり方が悪かった場合である。
※ リード線を固定せず，実習テーブル上ではんだ上げ作業を行わない。
※ はんだ上げの際，銅線を加熱しすぎるとリード線先端の被覆材が溶けてしまうので注意する。
※ はんだが多いとリード線が太くなり，ブレッドボードや金属端子に入らなくなるので注意する。少なすぎてもリード線が扱いにくくなるため，適量を意識する必要がある。

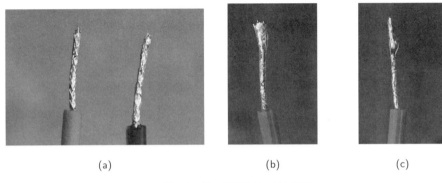

図 2.8　リード線のはんだ上げ例

2.7　回路検証

　はんだ付けが完了したら，はんだ付け箇所の検証を行う。検証を行わずに使うと故障や事故の原因となるため，いきなり電源に接続したり，他の電子回路に接続したりしてはいけない。検証は「たぶん大丈夫だろう」という観点ではなく，「どこかに必ず不良箇所があるので必ず見つける」という姿勢で行うとよい。検証は下記の手順で行う。

- 目視検査 — 視覚的に部品の取り付け位置の間違いや，極性のある部品の取り付け方向の間違い，部品の浮き上がり，はんだ付け箇所のはんだ不良（いもはんだ，つの，ブリッジ，ハンダ不足）などを確認する。ブリッジは隣同士のランドや配線がはんだでつながってしまった状態である。ブリッジを放置すると故障や事故の原因となるので注意する。
- テスタを使った回路検査 — テスタを使用し，「導通チェック」「絶縁チェック」，そして「電圧チェック」の 3 種類の検査を行う。各検査は，以下の留意点を理解の上で行う。

回路検証を行う場合，回路の理解がままならない状態で行うことは意味のないことである。繋がる場所や繋がってはいけない場所，素子の機能や役割など，回路の動作を理解した上で回路検証を行うこと。

1) テスタ使用の留意点（図 2.9）
   - テスタは電圧，電流，抵抗，導通などを測定する道具である。それぞれの目的に応じてレンジの設定が違うので注意する。
   - テストリードのテスタへの取付け ─ テストリード黒端子は"COM"，赤端子は"VΩ"に接続する。

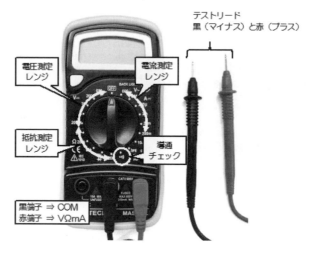

図 2.9　テスタの外観（例）

2) 導通チェックの留意点（図 2.10）
　導通チェックは電気的なつながりを調べるもので，以下の手順で行う。
① レンジを設定する。
② テストリードの金属部分を接触させたり離したりさせ導通時にブザー音があり，導通していないときにはブザー音が鳴らないことを確認する。
③ テストリードと測定物とを接続（接触）させて導通状況を検査する。

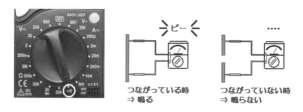

図 2.10　導通チェック時のレンジ設定とチェック方法

　繋がっているべき箇所が電気的に接続されているか，繋がっているべきでいない場所が絶縁されているかなどを確認する場合に用いる。特に電源に繋がる箇所が導通してしまうと，電源を繋いだ瞬間に短絡し，電源が故障（電池が発熱・液漏れなど）したり，繋がった他のマイコンやコンピュータを破損してしまうことがあるので，注意が必要である。また，はんだ付け箇所が密集するような場所では，ブリッジ等により誤って隣接する箇所が接続

していないか確認することが多い。スイッチを介しているような箇所においては，スイッチ操作により絶縁と導通が切り替わる様子を確認したりもする。

3) 電圧チェックの留意点（図 2.11）

電圧チェックは電源部分の出力電圧を調べるものであり，以下の手順で行う。
① 適切なレンジの設定
② テストリードと測定部位（DC 電圧発生部）を接続する（マイナス側（黒），プラス側（赤））。

図 2.11　電圧チェックの設定と方法

電圧チェックでは回路を電源等に接続し，検査対象から電圧が出力されている必要がある。このとき，どの程度の電圧が出力されているのが妥当であるかを考えて，適切なレンジ選択を行うことが計測の上では重要である。また，測定された計測値が妥当であるかを判断する力も必要である。

3　実習の手順

3.1　はんだ付け技術の習得（練習）

はんだ付けの良し悪しによって電子回路の信頼性が決まるといっても過言ではない。はんだ付けされた基板は，電気的にも機械的にも，その特性を長時間にわたって維持できるものでなくてはならない。ここでは，センサ回路基板のはんだ付け作業に先立って，練習基板を用いたはんだ付け練習を行う。作業に習熟するとともに，はんだ付けの原理についても理解を深める。

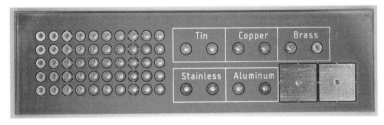

図 2.12　練習基板の例

1) 使用部品・材料
- 練習用基板 — ユニバーサル基板を小さく切った基板（図 2.12）

- 模擬リード線 — 0.6 mmφ 程度の錫メッキ銅線，アルミ線，ステンレス線（それぞれ 3 cm 程度の長さ）など．抵抗器やコンデンサなどの電子部品のリード線の代わりとする．真中あたりで U 字形に折り曲げ 2〜3 mm の幅とする（基板のピッチ幅は 0.1 inch（約 2.54 mm）のため）．
- 基板への模擬リード線（錫メッキ銅線）の取付け — 練習用基板上の適当な 2 カ所の穴に U 字形に折り曲げたリード線を差し込み，リード線を少し折り曲げて軽く固定する（図 2.13）．

準備ができたら前節を参考に実際にはんだ付けを行う．

図 2.13　リード線を差し込み，根元で折り曲げたところ

2) はんだ付け状況の評価

練習の段階では，PDCA サイクルを回しながら行うと上達が早くなる．そのため，どのような点に注意しながらはんだ付けを行うか目標を立ててからはんだ付けを行うと良い．また，一箇所はんだ付けを行う毎にそのはんだ付け箇所を確認し，目標に対してどうであるかを客観的に評価するとともに，より良いはんだ付けとするための改善点の検討・次の目標設定を行うことを繰り返す．図 2.14 にはんだ付けの例を示す．図 2.14(a) は良いはんだ付けの例，(b) から (e) は悪いはんだ付けの例である．

連続して良いはんだ付けができるようになるまで，繰り返し練習を行うこと．

図 2.14　はんだ付けの評価

- (a) 富士山型 — 良好な例．リード線からランドまでが滑らかにつながり，富士山のような形状をしている．また，綺麗な金属光沢を呈している．適切な加熱と適切なハンダの量で行うことで，このようなはんだ付けを行うことができる．

- (b) だんご型 — はんだが大きく丸くなっている。このようなはんだ付けではランドの状況が確認しづらく，ランドとはんだの界面で適切な合金層が形成されていない場合がある。こうした様子は，はんだの量が多過ぎる場合によく見られるため，適切なはんだ供給量を意識する必要がある。

- (c) 目玉型 — リード線またはランドがはんだを弾いた状態。濡れ性が悪く，リード線またはランドとはんだの界面で適切な合金層が形成されていない。リード線やランドの表面が酸化物等で汚損していたり，フラックスの不足により生じる場合がある。また，加熱不足により合金層が形成されない場合にも生じる。再加熱やはんだの追加で改善する場合がある。

- (d) ガサガサ — はんだの表面が荒れ，金属光沢が失われた状態。こてにより長時間加熱した場合に生じる場合がある。機械的強度が低下し，はんだ付けしている電子部品の素子が熱で破壊されている恐れがあるため，はんだを除去し電子部品の交換の後，再度はんだ付けを行う。

- (e) ブリッジ — 隣接する二箇所がはんだにより繋がった状態。独立するべき箇所が繋がってしまった場合は，短絡の恐れがあるためはんだを除去して独立させる。はんだ量が多く (b) のようにだんご状になっていると生じやすい。ユニバーサル基板などでは，隣接する箇所を接続するために敢えてブリッジさせる場合もある。

3.2 各種金属線のはんだ付け特性の評価

錫メッキ銅線を使ったはんだ付け練習が終了し，次のステップへ移る準備ができたら，提示された金属線（銅，真鍮，アルミやステンレス線など）を模擬リード線として，練習用基板上の銅ランドへのはんだ付け試みる。はんだ付けの手順は，2.2 節で示した銅ランドへの錫メッキ銅線と同じ手順で行う。錫メッキ銅線を用いた場合との違いを体験するとともに，下記の表を用いて各種の金属材料に対してはんだ付けによる金属接合の可否の評価を行う。

表 2.2　各種金属線のはんだ付け評価シート

評価・観察項目	錫メッキ銅線	銅線	真鍮線	アルミ線	ステンレス線
濡れ性					
密着性					
容易さ					
要した前加熱時間					
要した後加熱時間					
総合評価					

3.3 センサ回路基板への電子部品のはんだ付け

はんだ付け練習が終了し，次のステップへ移る準備ができたら，センサ回路基板への電子部品の取付け作業を行う。センサ回路基板の完成写真（図 2.2）や回路図（図 2.3），パー

ツリスト（表 2.1）等をよく確認し，前述の【注意事項】にも留意して作業すると。また，今回作製する赤外線フォトリフレクタ基板へのはんだ付けに対しては，【作業手順例】を例示するので手順に従って作業しても良い。

【作業手順例】

今回作製する赤外線フォトリフレクタ基板に対しては，以下の番号順に部品をはんだ付けすると比較的容易に部品類をはんだ付けすることができる。プリント基板は 2 枚が繋がった状態ではんだ付けすると安定し，作業性が良い。すべての電子部品のはんだ付けが完了してから，中央にある溝で折り分ける。

① 赤外線フォトリフレクタ

取り付け向き，浮き上がりに注意。位置合わせ用の突起を基板の所定の穴に差し込むように取り付けると良い（図 2.15）。熱破壊しやすい素子のため，加熱時間に注意すること。

(a) 良い例

(b) 悪い例

図 2.15　赤外線フォトリフレクタの浮き上がり

② 抵抗

浮き上がりに注意（図 2.16）。抵抗値が異なるため，部品リストや回路図を確認し，適切な配置とする。あらかじめ，リード線を膨らみの根本で 90 度に折り曲げておくと良い。

(a) 良い例

(b) 悪い例 1

(c) 悪い例 2

図 2.16　抵抗の浮き上がり

③ ピンヘッダ

取り付け位置や向き（L 字に曲がった側をはんだ付けする）に注意。一枚は J1 に，もう一枚は J2 に取り付ける。基板を浮かせた状態ではピンヘッダが抜け落ちやすいた

め，台の上に直接置いて作業すると良い。
④ 可変抵抗器

信号の調整が必要ない場合は，錫メッキ銅線などで短絡させたり，適当な固定抵抗で置き換えても良い。

3.4 モータへのはんだ付け
1) モータ配線の準備

DC モータに取り付けるリード線として，2 芯の SP コード（0.3 SQR，芯径 0.3 mm）を 25 cm 程度の長さに揃えたものを 2 本用意する。2.6 節を参考に，2 本のリード線の両端をはんだ上げする。はんだ上げした箇所はブレッドボードに刺して，しっかりと刺さるかを確認しておくと良い。はんだ上げ箇所が太くて刺さらない場合は，清浄で加熱したこて先ではんだ上げ部分を撫でるようにすると，多すぎるはんだがこてに移り細くすることができる。

はんだ上げした各線の片側（モータにはんだ付けする部分）を L 字に折り曲げておく。

2) セラミックコンデンサの準備

DC モータからのノイズ対策としてセラミックコンデンサをリード線と一緒にはんだ付けする。このとき，DC モータの端子部分の近くは，モータと合わせて使用するギヤボックスの爪をひっかける部分でもある。端子部分にコンデンサが近すぎると，モータにギヤボックスの爪がかからなくなるため，端子とセラミックコンデンサの間に 1 cm 程度の余裕を持たせる必要がある（図 2.17(a)）。あらかじめセラミックコンデンサのリード線を青色のコンデンサ本体から 1.5～2 cm 離れた位置で L 字に折り曲げておき（図 2.17(b)），折り曲げた部分ではんだ付けすると適度な距離となる。

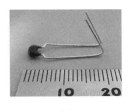

(a) (b)

図 2.17 モータへのセラミックコンデンサの取り付け

3) DC モータへのはんだ付け

① DC モータの端子にセラミックコンデンサとリード線の折り曲げた部分を差し込み，折り返す。このとき，2 つの DC モータにつなぐリード線の色が左右対称になるようにはんだ付けすると，後の組み立て作業を行いやすい（図 2.18(a)）。

② 折り返した部分をラジオペンチを使ってしっかりと押さえ，部品が動かないようにする。

③ 端子部分にはんだ付けする。このとき，モータの端子周辺は樹脂でできているため，こてを強く押さえつけたり，長時間加熱すると樹脂を溶かし，最悪の場合ブラシ部分を損傷する。こての熱を伝えるようにしっかりと接触させながらも，押さえつきすぎない力加減で短時間にはんだ付けを完了するよう意識すること。また，はんだ付け後にリード線等が動かないよう，モータ端子の穴が見えなくなる程度の多めのはんだを流し込むようにすると良い（図 2.18(b)）。

④ 余分なリード線をニッパで切断する（図 2.18(b)）。長く伸びたリード線をそのままにすると，短絡の危険があるため，はんだ付け部分の根本で短く切断する。必要な配線を切断しないように注意すること。

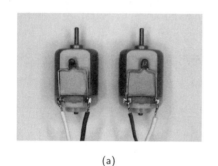 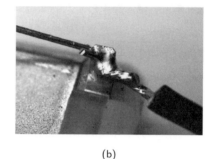

(a)　　　　　　　　　　　　　　　(b)

図 2.18　モータへのはんだ付け

3.5　センサ回路基板の検証

1) 目視検査

表 2.3 を参考に部品の取り付け間違い，極性のある部品の取り付け方向の間違い，はんだ付け箇所のはんだ不良（いもはんだ，つの，ブリッジ，ハンダ不足）をチェックする。より目視検査の精度を高めるためには，他者に検査を依頼するのも良い手法である。

表 2.3　はんだ付け箇所の目視検査リスト

検査項目	チェック欄	
3 つの抵抗の取り付け間違い	なし□	あり□
赤外線フォトリフレクタの取り付け方向	適　□	不適□
赤外線フォトリフレクタの浮き上がり	なし□	あり□
基板（おもて面）各部品のはんだ不良	なし□	あり□
基板（うら面）各部品のはんだ不良	なし□	あり□
リード線の切り忘れ	なし□	あり□
モータ配線の色	対称□	並行□
モータ端子付近の樹脂の溶け	なし□	あり□
モータ端子のはんだ量	適　□	不足□
モータのリード線の切り忘れ	なし□	あり□
リード線のブレッドボードへの刺さり具合	良好□	不良□

2) テスタを使った回路検査

導通検査として表 2.4，表 2.5 の端子を検査する。便宜上，J1 に 3 ピンヘッダを取り付けた基板を「基板 L」，J2 に 3 ピンヘッダを取り付けた基板を「基板 R」と呼ぶ。各基板の 3 ピンヘッダの各ピンはそれぞれが直接繋がっていないため，導通状態にはない。導通検査を行い，導通が検出された場合は回路上の異常があるため修理等の対応を取ること。

表 2.4　基板 L のテスタによる導通検査

基板 L	J1 [GND]	J1 [SIG]
J1 [+5V]		
J1 [GND]	—	

導通あり（○），導通なし（×）を記入

表 2.5　基板 R のテスタによる導通検査

基板 R	J2 [GND]	J2 [SIG]
J2 [+5V]		
J2 [GND]	—	

導通あり（○），導通なし（×）を記入

作製しているセンサ回路基板では中心となる赤外線フォトリフレクタが最も故障しやすい。特にはんだ付けの熱により赤外線 LED 部分が熱破壊されやすい。一方で，赤外線 LED は不可視光である赤外線を放出するため，"LED（発光ダイオード）" ではあるが，光による健全性の確認は容易ではない。しかし，デジタルテスタでダイオード検査モードがある場合，赤外線フォトリフレクタの赤外線 LED 部分を検査することで，LED が健全であるか確認することができる。ダイオード検査モードは赤色の検査リードをダイオードのアノードに，黒色の検査リードをダイオードのカソードに当てることでダイオードの順方向電圧を計測するものである（可視光の LED であれば発光も確認できる）。使用する赤外線フォトリフレクタ（TCRT5000）の LED では約 1 V の電圧が計測できる。正しく検査リードを当てても順方向電圧の計測ができない場合は，赤外線 LED が破損している可能性が高いため，赤外線フォトリフレクタの交換を行う。

3) 不具合が見つかった場合

はんだ付け箇所に少しでも不安がある箇所，テスタを用いた回路検証で異常が認められた箇所は，必ずはんだ付けをやり直し，回路検証を再度行う。この段階で手間を省くと，最悪の場合，作製した回路や接続した機器が破壊されるので注意する。

3.6　センサ回路基板の動作確認

回路検証が終わった基板を Hama ボードに接続し，実際に動かして最終確認を行う。以下の手順でセンサ回路基板を 1 枚ずつ検証する。

① J1 に 3 ピンヘッダを取り付けた基板 L を選ぶ。

② 3 ピンヘッダの「+5 V」端子を Hama ボードの「+5 V」に接続する。

③ 3 ピンヘッダの「GND」端子を Hama ボードの「GND」に接続する。

④ 3 ピンヘッダの「SIG」端子を Hama ボード上にある Arduino の「A0」に接続する。

212　第2章　はんだ付けと回路検証・動作確認

⑤ Arduino IDE を開き「ファイル > スケッチ例 > 01.Basics」にあるサンプルプログラム（AnalogReadSerial）を開く。

⑥ Hama ボードとコンピュータを接続し，書き込む。

⑦ シリアルモニタを開く。

⑧ センサ回路基板のフォトリフレクタ素子を机等の物体に向け，物体との距離を変えてシリアルモニタの値の変化を確認する。

⑨ 基板を一定の距離だけ離した状態で，白色と黒色など物体の色の変化に応じてシリアルモニタの値が変化することを確認する。

⑩ 基板 L を取り外し，J2 に 3 ピンヘッダを取り付けた基板 R を選び，②から⑨を繰り返す。

　シリアルモニタに表示される値の変化に関して考える。作製した赤外線フォトリフレクタ基板では，赤外線フォトリフレクタの LED から照射される赤外線の反射を赤外線フォトトランジスタで受光している。フォトトランジスタは入光量により電流の流れやすさが変化する素子であり，見方によっては抵抗と同じように考えることもできる。回路図（図 2.3）で示すようにフォトトランジスタはプルアップ抵抗として R2 と直列に繋ぎ，その中間位の電圧を SIG 端子から取り出している。SIG 端子から出力される電圧は，フォトトランジスタへの赤外線の入光量が増えると小さくなり，入光量が減ると大きくなる。

　サンプルプログラム（AnalogReadSerial）では Arduino の A0 ピン（SIG を接続）に入力される電圧（0〜5 V）を 0〜1023 の値としてシリアルモニタに表示する。その結果，赤外線フォトリフレクタ基板と物体の距離を遠ざけたり近づけたりすると，散乱や拡散によりフォトリフレクタが受光する赤外線量が変化するのに応じて，シリアルモニタの値も変化する。また，異なる色の物体に対して赤外線フォトリフレクタ基板を一定の距離に置き計測すると，色によって異なる赤外線の反射率により，シリアルモニタの値が変化する。例えば白色は光をよく反射する色であり，黒色は光を吸収してしまいあまり反射しない色であり，同じ距離で白色と黒色の物体に基板を向けた場合，白色に比べて黒色の方がシリアルモニタの値が大きくなる。

　このように赤外線フォトリフレクタ基板を用いると，物体との距離や色を識別することができる。ただし，前述の通り，距離が変わっても色が変わっても同じように出力される電圧が変化するだけである。電圧信号だけを見て色が変わっているのか距離が変わっているのか見分けることができないことへは注意が必要である。

　信号の変化に対するパラメータが多い場合には，可能な限り変化するパラメータが一つとなるように配慮する必要がある。例えば，お掃除ロボットを作ろうと思い，段差から落ちないように床との距離を測りたいときは，床の材質や色は変化しないことが望ましい。また，床の印に従って動くロボットを作ろうと思ったときには，センサ基板をロボットにしっかりと固定して，動いたときの振動で床面との距離が変化しないようにする必要がある。

3.7 フラックス・ヤニの除去

センサ回路基板のはんだ付けを行った部分や，その周辺にはフラックスが飛び散っている。気になるようであれば専用の除去溶液をティッシュペーパ等にしみこませ，基板表面に飛び散っているフラックス，はんだ付け箇所をきれいにふき取っておく。

3.8 DC モータの動作特性評価

一定電圧を DC モータに印加した状態で，ロータへの負荷のかけ方の違いによって，DC モータのトルク，流れる電流，回転数がどのように変化するかについて調べる。測定には，5 A 以上の直流電流が測定できるテスタ（デジタルテスタが良い），乾電池 1 本または 2 本，電池ボックス，リード線を取り付けた DC モータ 1 個，ミノムシケーブル 2 本を準備する。測定は下記の手順で行う。

1) 測定手順

① 使用する乾電池の本数に合わせて，乾電池の起電力をテスタで測定，記録する。

② モータ，テスタ，乾電池を接続する。接続に際しては，ミノムシケーブルを適時利用する。

③ モータのロータを無負荷状態にして，モータに電池をつなぎモータを作動させる。この際，ロータの回転の速さを観察するとともに，モータに流れる電流値をテスタで読み取り記録する。

④ 電池をつないだ状態で，ロータを指ですこしつまみ，ロータの回転に負荷を少しかける。このときのロータの回転の速さ，モータに流れる電流値をそれぞれ記録する。

⑤ ロータをつまんでいる指にさらに力を加えてみる。このときのロータの回転の速さ，流れる電流値を記録する。

⑥ ロータの動きを完全に止めてみる。ロータが止まったら素早く，モータに流れる電流値を観測・記録し，ロータを止めている指をはずす。

⑦ 時間に余裕がある場合には，使用する電池の本数を変えた場合についても，同様に調べてみる（ただし，電池の使用は 1.5 V の電池の場合，2 本までとする）。

　※ モータに通電したままロータを長く止めていると，金属臭が発生する。ロータを止めることによって，モータにたくさんの電流が流れ（1 A 以上となる），モータ内部の発熱量が多くなるためである。あまり長くロータを止めておくと，モータが焼き切れて破損してしまうので，ロータの停止時間は短時間にとどめる。

2) 結果の整理

1) の結果を表 2.6 にまとめる。また，実験結果を表すグラフも同時に描く。グラフは，横軸にトルクの大きさ，縦軸に，電流値，回転数をそれぞれ表したものとする。なお，解説に，使用した DC モータの特性を示すグラフを載せてあるので，このグラフも参考にする。

214　第2章　はんだ付けと回路検証・動作確認

表2.6　DCモータ特性評価の結果

	電源電圧 – 乾電池1本または2本使用：（　　　　　）[V]		
ロータへの負荷のかけ方	トルク	電流 I[A]	回転数
無負荷時	(0, 小, 大, 最大)	(無負荷電流 I_0)	(無負荷回転数) (0, 小, 大, 最大)
ロータを少しつまんだとき	(0, 小, 大, 最大)		(0, 小, 大, 最大)
ロータを強くつまんだとき	(0, 小, 大, 最大)		(0, 小, 大, 最大)
ロータを止めるよう最も強くつまんだとき	(0, 小, 大, 最大)	(停動電流 I_S)	(0, 小, 大, 最大)
ギヤボックスにモータを取り付けたとき	(0, 小, 大, 最大)		(0, 小, 大, 最大)

※　測定前に8Tピニオンギヤは，モータに取り付けない。

※　「ギヤボックスにモータを取り付けたとき」の測定は，ギヤボックスを作製後に行う。

3) 課題

　実習は簡単なものであるが，モータの回転数，流れる電流とトルクとの相関が理解できる。これらについて短くまとめたレポートを作成する。また，モータの出力，効率について調べよ。

問：モータの停止状態でモータに流れる電流は何によって決まるか。

問：モータが破損される原因として考えられるものを述べよ。

4　解説

4.1　はんだの組成

　労働安全衛生上，あるいは環境面より，鉛が含まれていない，はんだ素材（鉛フリーはんだ）の使用が推奨されている。しかしながら，鉛フリーはんだの融点は高く，技術的な観点より，実習や実験室レベルでは，鉛が含まれたはんだの使用は避けられないのが現状である。実習で用いるはんだは錫と鉛の合金で，線状に引き延ばした糸はんだである。錫，鉛の融点はそれぞれ232℃，327℃であるが，合金にすることによって融点は下がり，"共晶はんだ"と呼ばれている錫61.9%，鉛38.1%の組成のものは，錫 – 鉛系合金においては最低の融点（183℃，共晶点と呼ばれている）を示す。なお，合金化することによって単一組成の金属よりも融点・凝固点が降下する現象は，熱力学で扱われる自由エネルギーの概念を学ぶことによって理解できる。

　溶融状態にある共晶はんだが冷却される過程で現れる固相状態に関する知見は，熱力学，無機化学，固体物理などの分野で扱われる状態図を学ぶことによって理解することがで

きる。

4.2　はんだ付けにおけるフラックスの役割

　貴金属を除くほとんどの金属の表面は酸化物層で覆われている。この酸化物層が存在すると，はんだのぬれ性は著しく阻害されてしまう。はんだ付けを行う前に金属表面を研磨したり，化学的処理を施して酸化物層を除去しても，はんだ付け工程中では高温雰囲気に晒されるため，接合すべき金属表面は容易に酸化されてしまう。溶けたはんだが金属表面をよくぬらすためには，はんだ付けされる温度環境下で金属酸化物が除去されると同時に，新たな金属酸化物が生成しないような工夫が必要である。フラックスはこのような役割を果たす。糸はんだの中にはフラックスが固体状態で充填されているものが多い（“ヤニ入りはんだ”と呼ばれる）。

　実習で用いる糸はんだをカッターなど鋭利な刃物で切断し，切断面を観察するとフラックスが確認できる。はんだ付けの際，けむりが出るのは，このフラックスが気化（蒸発）している現象であり，はんだ成分が蒸発しているものではないことに注意する。

　フラックスは金属表面に存在する酸化物と化学反応することによって，これを除去したり，金属表面の酸化物を溶融状態のはんだの中に溶出させる作用を示す。前者の代表例として，松ヤニ（主要成分，アビエチン酸，融点 174°C）系フラックス，後者の代表例としてはリン酸系のフラックスがあげられる。以下には，松ヤニによる銅箔表面の清浄作用の原理となる化学反応を示す。

アビエチン酸と銅酸化膜（Cu_2O）との反応

$$2\,C_{19}H_{29}COOH + Cu_2O \longrightarrow 2\,C_{19}H_{29}COOCu + H_2O$$

※　アビエチン酸は，銅酸化膜（Cu_2O）と化学反応してアビエナイト銅（$2\,C_{19}H_{29}COOCu$）を生成させる。アビエナイト銅（緑色透明）は，はんだと容易に置換するので，上記の反応が進行することによって，銅表面とはんだとのぬれ性が増大されることになる。

　はんだ付け工程中，はんだを溶けやすくするため，はんだを直接，こて先に当て溶かす人がいる。このような行為は，フラックスを一度に蒸発させてしまい，はんだ付けの際のフラックスの効果が期待できない結果となるので厳に慎むこと。また，はんだ付けを施した，はんだ表面はてかっていると良いといわれる。これは，はんだ表面がフラックスでコーティングされている状態であり，母材およびはんだがフラックスによって覆われ酸化防止に役立つものである。

4.3 はんだ付けされた金属界面の構造

はんだ付けされた金属界面を詳しく調べると，はんだの成分元素原子である錫が母材の金属内部に広がっているのがわかる。この現象は拡散と呼ばれるもので，拡散の結果はんだ成分と金属との合金層が形成される（図 2.1）。拡散の様式は，拡散される金属の結晶構造，はんだ付けの条件（温度，時間）によって変化する。無機化学，金属学の分野では合金は，固溶体型合金，共晶型合金，金属間化合物型合金の 3 種類に分類され，はんだ付け工程中では，固溶体と金属間化合物が形成されるといわれている。固溶体は，母材の金属構造を変化させることなく，はんだの金属原子が母材の金属構造の原子位置を置換したり，金属原子間に潜り込んだりして形成される。一方，金属間化合物は，はんだの金属原子と母材の金属原子とが化合物を作り，新しい結合様式を形成するものである。金属間化合物は，一般的に堅くて脆い性質がある。はんだと金属の界面にこの化合物が形成されると，機械的強度の低下や導電性，耐食性が低下してしまう。金属間化合物の形成には固溶体と比べ高温が必要であるが，はんだ付け作業が手間取り，接合部が長く高温に保持されたり，はんだ付けの後，電気回路が高温に晒される環境に持続的に置かれると反応が促進され，接合界面に金属間化合物が形成されやすくなるので注意する。

問：金属と金属を接合させる他の方法について調べよ。

問：はんだの成分は，錫 63%，鉛 37%の共晶はんだがよく使われる理由を調べよ。

第3章

Hama-Bot の組み立て

1 実習の概要

本章では，第1章で設計した Hama-Bot を製作し，基本動作（前進，後退，右回転，左回転，停止）を行う。適宜第1章，第2章の内容を参照すると共に，これまでの実習内容について理解し，必要なら復習しながら作業を進めるとよい。実習はロボットの組立て，駆動部制御回路の組立て，基本動作プログラムの作成，改良の順で進める。

ロボットの組立ては，以下の手順で行う。まず，組立図に従いギヤボックスを組み立て，モータを取り付ける。次にアルミ金具を折り曲げて Hama ボードを固定するスペーサを製作する。製作したスペーサはロボットのベースに取り付ける。組み立てたギヤボックスをロボットのベースに取り付ける。モータ駆動用電源として単三乾電池用の電池ボックスをロボットのベースに取り付ける。第2章で製作した赤外線センサをロボットのベースに取り付ける。Hama ボードをロボットのベースに取り付ける。最後に，ギヤボックスの出力軸にタイヤを，ロボットのベースにキャスタを取り付ける。

駆動部制御回路の組立てでは，まず，Hama ボード上に TA7291P モータドライバ IC を使用して駆動部制御回路を作製する。次に，ロボットのベースに取り付けた赤外線センサの配線を行う。

基本動作プログラムの作成として，前進，後退，右回転，左回転，停止を行う駆動テスト用のプログラムを作成する。プログラムを実行し，ロボットの動作を確認する。

改良として，プログラム書き込み時など，Arduino の電源投入時にモータが動作しないようスタート用スイッチを追加する。

2 Hama-Bot の組立て

Hama-Bot の組立てには，タッピングねじおよびメートルねじとナットの組み合わせを用いる。これらの違いについては Hama ボード製作実習で説明しているため，忘れている場合は確認すること。組立てを始める前に，設計に基づき必要な部品を手元に揃えておく。ただし，単に部品を準備するだけでなく，組立て手順ごとに必要な個数をトレーなどに分けて準備しておくことが重要である。この準備を「段取り」といい，段取りを行うか否か

218   第 3 章　Hama-Bot の組み立て

で作業スピードや正確性に差が生じる。特に今回の実習では作業手順が多いため，時間内に実習を終えるためには段取りが不可欠である。

問：段取りを行わない場合，作業中にどのようなミスが起こると予想されるか。

2.1　ギヤボックスの組立て・モータの取付け

　ギヤボックスはモータからの動力をタイヤへ伝達する重要な部品であり，組立ての精度がロボットの性能に大きく影響する。組立てには細かな部品の扱いやグリスの塗布など，作業漏れが発生しやすい工程が含まれている。そのため，手順をしっかり確認し，正確に進めることが重要である。

① 図 3.1 にギヤボックスの完成図を，図 3.2 に組立て説明図をそれぞれ示す。部品を図と同じ配置にし，順序に従って組み立てる。

② 組み立てたギヤボックスの出力軸を固定し，ギヤボックス全体を手で回転させ，引っ掛かりや異音がないか確認する。正常な状態と異常な状態については，実習時に示すサンプルを参考にして確認すること。異常がある場合は必ず原因を特定し，再度組立てを行う。原因不明で再組立てをしても，同じ異常が発生するため，必ず原因を考えること。

③ 図 3.3 に従って，DC モータのロータにピニオンギヤを取り付け，ギヤボックスへ装着する。

問：サンプルで示す正常と異常の状態について，どのような違いがあるか。また，異常な状態で使用した場合のロボットへの影響について考えよ。特に，異音が発生した際の負荷の違いに着目すること。

2.2　スペーサの加工・取付け

　スペーサは，ベースプレートと Hama ボードの間に電池ボックスを収納する空間を設けるために使用する。アルミ金具を加工してスペーサを作成する際，正確に曲げるためには注意が必要である。

① 図 3.4 に従い，ラジオペンチでアルミ金具を固定し，左右に数回曲げて穴 4 つ分の位置で切断する。同様にもう一つ切断する。

② アルミ金具の両端をラジオペンチで固定し，コの字型に 90° 曲げる。

③ 図 3.4 に従い，アルミ金具をベースプレートの ϕ 3.5 に広げた穴に合わせ，なべねじ（M3×8），ナットを使用して固定する。

問：アルミ金具のへこみに対して，ラジオペンチで固定すべき最適な位置を考えよ。

2.3　ギヤボックスの取付け

　ギヤボックスをベースプレートに取り付ける。

2　Hama-Bot の組立て　　219

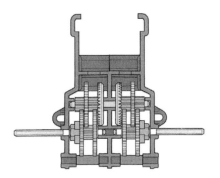

図 3.1　ギヤボックスの完成図

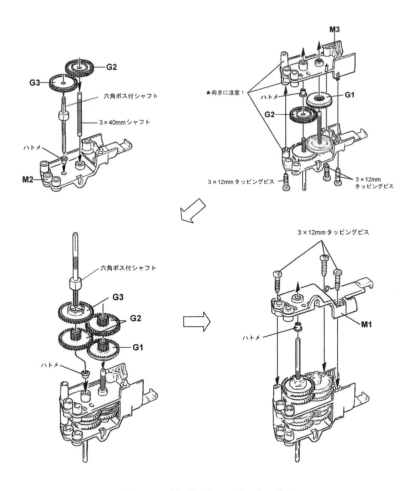

図 3.2　ギヤボックスの組み立て手順

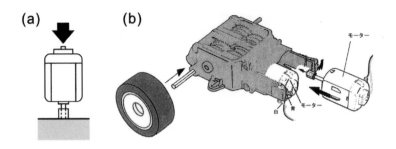

図 3.3　ギヤボックスへのモータ，タイヤの取付け　(a) モータへのピニオンギヤの取付け，(b) モータ，タイヤのギヤボックスへの取付け

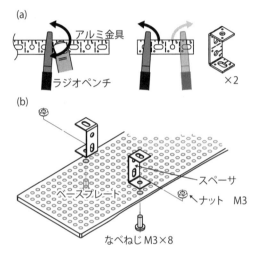

図 3.4　スペーサの取付け

① ギヤボックスをベースプレートの取り付け位置に合わせ，タッピングねじ（3×8）で仮締めする。
② 両方のタッピングねじを本締めする。ただし，強く締めすぎるとベースプレートのねじ山が破損するため，注意が必要である。

2.4　電池ボックスの取付け

モータ駆動用電源には単三乾電池 3 本が入る電池ボックスを用いる。電池ボックス内側には 2 つの円錐形状に加工された固定穴があり，皿ねじで固定する。

① 図 3.6 の向きで電池ボックスの固定穴をベースプレートの $\phi 3.5$ に広げた穴に合わせ，皿ねじを通す。
② 裏面に出たねじの先端にナットを手で仮締めする。
③ ナットをラジオペンチで固定し，ドライバで皿ねじを本締めする。
④ 電池をプラス・マイナス極に注意しながら挿入する。

注意：スナップケーブルが付いた状態で電池を挿入しないこと。スナップケーブルが付い

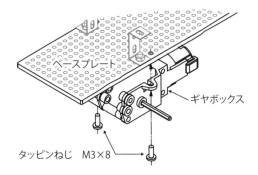

図 3.5　ギヤボックスの取付け

た状態で電池を挿入するとどのような危険があるか。

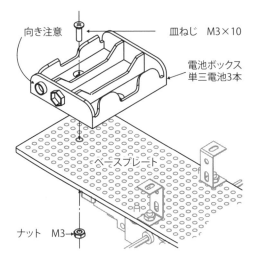

図 3.6　電池ボックスの取付け

2.5　赤外線センサの取付け

　床面に赤外線を照射するように赤外線センサを取り付ける。赤外線センサは反射量に応じて電圧信号の大きさが変わる。したがって，床面の色だけでなく取り付け高さによってもセンサの値は大きく変動する。センサがぐらつく状態だと，正しく床面の色を検出できないため，注意が必要である。

① 図 3.7 に従い，赤外線センサ基板のフォトリフレクタ側からなべねじ（M3×25）を通し，樹脂スペーサとナットで固定する。

② センサをベースプレートの適切な穴に差し込み，ねじが 1～2 mm 程度突き出るまでねじ込む。

③ センサの向きと高さを調整する。

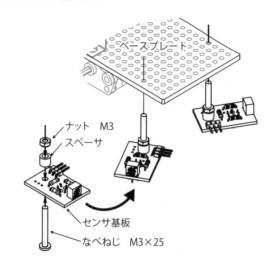

図 3.7　赤外線センサの取付け

2.6　Hama ボードの取付け

Hama ボードはベースプレートとの間に電池ボックスを配置するため 2.2 節で取り付けたスペーサを用いてベースプレートから浮いた状態で取り付ける．固定には Hama ボード製作時にシステム組み込み用としてあらかじめ加工したボード中央の穴（$\phi3.5$）2 ヶ所を使用する．

① 図 3.8 に従い，ブレッドボードがロボットの正面に来るように Hama ボードを配置し，Hama ボードの取付け用穴とスペーサの穴を合わせる．
② Hama ボード側からなべねじ（M3×8）を通し，スペーサ側からナットで仮締めする．
③ ナットをラジオペンチで固定し，ドライバで本締めする．

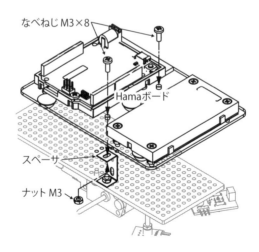

図 3.8　Hama ボードの取付け

2.7 タイヤ・キャスタの取付け

タイヤをギヤボックスの出力軸に，キャスタをベースプレートに取り付ける。

① タイヤをギヤボックスの出力軸に奥までしっかりと差し込む。

　注意：シャフトの六角形状とタイヤの六角穴を合わせて挿入すること。

② キャスタ部品をランナからニッパで切り出し，ゲート部分をヤスリで処理する。

③ 図 3.9 に従い，キャスタをベースプレートに取り付ける。

問：タイヤやキャスタにゲートが残っていると，ロボットの動作にどのような影響が出ると考えられるか。

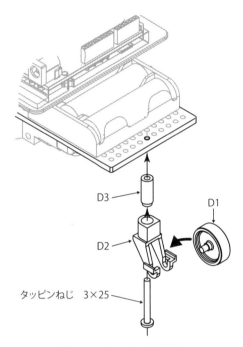

図 3.9　キャスタの取付け

3　モータ駆動回路の組立て

駆動部の中心部品である DC モータの制御は，専用ドライバ IC である TA7291P を用いる。TA7291P は，DC モータとマイコンとの仲立ちをする IC であり，マイコンからの制御信号を TA7291P が受け取り，DC モータの正転，逆転，停止を制御することができるものである。以下の手順で Hama ボード上に DC モータの制御回路を組み立て，基本制御プログラムを作成する。

① 駆動部制御回路の組み立て

② 駆動部制御回路の配線チェック

図 3.10(a) に TA7291P とマイコン，DC モータを接続するための回路図を示す。第 1 章図 1.6 にて自身が設計した回路図を参考にしてもよい。

224　第 3 章　Hama-Bot の組み立て

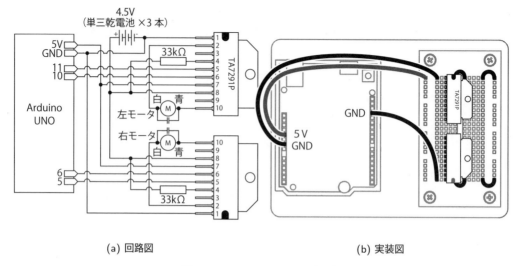

(a) 回路図　　　　　　　　　　　　(b) 実装図

図 3.10　DC モータドライブ回路

3.1　安全に回路を組むために

はじめに，マイコンが起動していないこと，電池ボックスからスナップケーブルが外れていることを確認する。電力が供給された状態で回路を組み立てると，接続を間違えた場合に部品の故障，発火の危険性があり大変危険である。

3.2　重要部品の配置

ブレッドボードの大きさは有限であり，考えずに部品を配置していくとスペースに収まらなくなる。そこで大きい部品から配置し，回路のおおよその大きさをあらかじめ決めて配線を行うと良い。今回の回路で大きな部品はモータドライバ IC であり，配置を図 3.10(b) に示す。

3.3　各種電源の接続

① 図 3.10(b) に従ってマイコンの電源出力端子（5V/GND 2 本）を赤色コード（13 cm）と黒色コード（13 cm：1 本，8 cm：1 本，3.5 cm：4 本）でブレッドボードに接続する。

② IC のロジック側電源端子（Vcc：7 番ピン）に赤色コード（3.5 cm）でマイコン供給の 5 V と接続する。

③ 電池ボックスの端子に近い側の IC 出力側電源端子（Vs：8 番ピン）にスナップケーブルの赤色（プラス極側）を接続し，2 つの IC の出力側電源端子を赤色コード（6 cm）で接続する。スナップケーブルの黒色（マイナス極側）を GND と接続する。

④ IC の制御電源端子（Vref：4 番ピン）は，保護抵抗 33 kΩ を介して出力側電源端子（Vs：8 番ピン）と接続する。

3.4 モータ動力線の接続

① 図 3.11(a) に従い，右モータの白色動力線を右側 IC の出力端子（OUT1：2 番ピン），青色動力線を出力端子（OUT2：10 番ピン）に接続する。

② 図 3.11(a) に従い，左モータの白色動力線を左側 IC の出力端子（OUT1：2 番ピン），青色動力線を出力端子（OUT2：10 番ピン）に接続する。

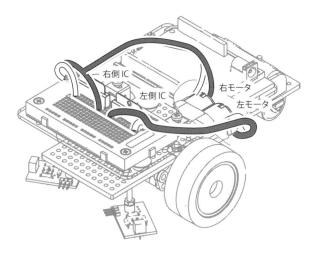

(a) モータと駆動回路の実体配線図および進行方向との関係

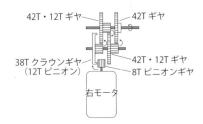

(b) モータ，ギヤの歯車のかみ合わせ

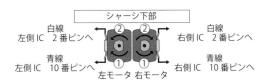

(c) モータの配線と回転方向

図 3.11　Hama-Bot のモータ・ギヤの配置と回転方向

3.5 信号線の接続・回路の確認

3.4 節までの手順で IC の入力端子の信号によってモータが動作する状態である。回路が間違っていた場合，そのままプログラミングを行うと，回路の間違いなのか，プログラムの間違いなのか判別するのが難しくなる。そのため手動で信号を切り替えながらモータが

226　第 3 章　Hama-Bot の組み立て

正しく動作するか確認する。

①　IC の入力端子（IN1：5 番ピン，IN2：6 番ピン）と GND を黄色コード（8 cm）と青色コード（8 cm）で接続する。（黄色コード：5 番ピン，青色コード：6 番ピン）

②　スナップケーブルを電池ボックスに接続する。

　　※　電池が異常発熱した場合はやけどに注意しスナップケーブルを電池ボックスから取り外す。プラスチックが溶けるにおいや発煙を確認した場合は直ちに対応すること。

③　表 3.1 に示す A の接続となるように左側 IC の IN1：5 番ピン – GND の接続を IN1：5 番ピン – 5 V につなぎ変える。

④　USB ケーブルをマイコンに接続し左タイヤが順転することを確認し USB ケーブルを外す。

　　※　モータが回らない場合は速やかに USB ケーブルと電池ボックスからスナップケーブルを取り外し，回路が正しく組まれているか確認することシャフトの六角形状とタイヤの六角穴を合わせて挿入すること。

⑤　表 3.1 の残りの B〜H までの接続についても，③から④と同様の手順で動作を確認する。

⑥　確認が終了後，右側 IC の入力端子（IN1：5 番ピン）とマイコンのデジタル I/O 端子 D5 を黄色コード（8 cm）でつなぎ変える。入力端子（IN2：6 番ピン）とデジタル I/O 端子 D6 を青色コード（8 cm）で繋ぎ変える。

⑦　左側 IC の入力端子（IN1：5 番ピン）とマイコンのデジタル I/O 端子 D11 を黄色コード（8 cm）で繋ぎ変える。入力端子（IN2：6 番ピン）とデジタル I/O 端子 D10 を青色コード（8 cm）でつなぎ変える。

表 3.1　制御信号とタイヤ動作の関係

| 接続 | 左側 TA7291P | | タイヤ動作 | 接続 | 右側 TA7291P | | タイヤ動作 |
	5（IN1）	6（IN2）			5（IN1）	6（IN2）	
A	5 V	GND	□順転	E	5 V	GND	□順転
B	GND	5 V	□逆転	F	GND	5 V	□逆転
C	GND	GND	□停止	G	GND	GND	□停止
D	5 V	5 V	□ブレーキ	H	5 V	5 V	□ブレーキ

　※　動作確認をしたら□にチェックを入れること。

4　赤外線センサの配線

　センサを使用するには，センサに電力を供給し，測定対象の変化に応じた電圧信号を入力としてマイコンで読み取る必要がある。図 3.12 にセンサ配線の回路図を示す。

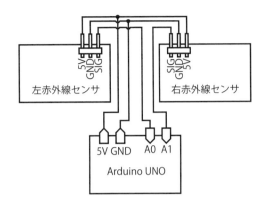

図 3.12　センサ配線の回路図

4.1　センサの電源線の接続

センサの電源にはマイコンから出力される 5 V を使用する。

① 平行ケーブルを使用し，センサの電源端子（+5 V）からブレッドボードを介してマイコンの 5 V に接続する。

② 平行ケーブルを使用し，センサの GND 端子（GND）からブレッドボードを介してマイコンの GND に接続する。

4.2　センサの信号線の接続

センサからの信号をマイコンに入力する。

① 平行ケーブルを使用して，左側センサの信号端子（SIG）からマイコンのアナログインプット（A1）に接続する。

② 平行ケーブルを使用して，右側センサの信号端子（SIG）からマイコンのアナログインプット（A0）に接続する。

4.3　センサの接続確認

Arduino IDE サンプルプログラムを用いて，センサ入力が正常か確認する。

① Arduino IDE を開き，「ファイル」→「スケッチ例」→「01.Basics」→「AnalogReadSerial」を開く。

② ロボットを卓上に置き，プログラムを書き込む。

　※ 床面が黒い場合，センサから照射される赤外線が吸収され，正しく動作確認ができないことがある。

③ シリアルモニタでセンサの値を確認する。

④ 赤外線フォトリフレクタを用いたセンサは反射して帰ってくる赤外線の量に応じて値

が変化する．ロボットを持ち上げると反射して帰ってくる赤外線の量が減少するため，シリアルモニタ上のセンサの読み取り値が変化する．また，同一の高さであっても読み取り面の色によって赤外線の吸収率が違うため値が変化することを確認する．

⑤ スケッチの 22 行目を `int sensorValue = analogRead(A1);` に変更し，再度手順②から確認する．

5 動作確認用プログラムの作成

今回の実習では，第 1 章で設計した通り，右タイヤを 0.5 秒順転させてから 0.5 秒停止し，次に左タイヤを 0.5 秒順転させてから 0.5 秒停止する．その後，両タイヤを 1 秒順転，1 秒停止，1 秒逆転，1 秒停止の動作を繰り返すプログラムを作成する．プログラムが長い場合，ミスに気づきにくくなる．効率的にプログラミングを行うために，一部を抜き出して動作を確認した後，全体のプログラミングを行うと良い．そこで，第 1 章のフローチャート（図 1.8）に示す流れの「右タイヤを 0.5 秒順転させた後に 0.5 秒停止」までをはじめにプログラミングする（図 3.13）．

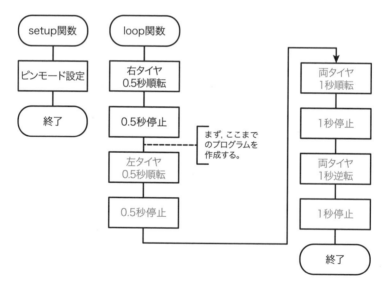

図 3.13　動作確認プログラムのフローチャート

5.1　setup 関数

setup 関数では，最初に一度だけ実行する命令を設定する．

① Arduino UNO の I/O ピンを入力（`INPUT/INPUT_PULLUP`）または出力（`OUTPUT`）に設定する．設定には pinMode 関数を使用する．

5.2　loop 関数

「右タイヤを 0.5 秒順転させてから 0.5 秒停止」する動作を以下のように分解する．

① 「右タイヤを順転させる」ためには，適切なI/Oピンに電圧を出力する必要がある。タイヤの動作と電圧信号は回路の接続によって決まる。第1章の表1.1から，「右タイヤを順転させる」にはD5にHigh（5V），D6にLow（0V）の信号を出力することが分かる。電圧の出力にはdigitalWrite関数を使用する。

ポイント：Low（0V）も0Vという電圧信号を出力している。

② 「0.5秒待機」にはdelay関数を使用して，次の命令が実行されるのを0.5秒遅らせる。
③ 「右タイヤを停止させる」ためには，D5とD6にLOW（0V）を出力する。
④ 「0.5秒待機」には再びdelay関数を使用して0.5秒待機する。

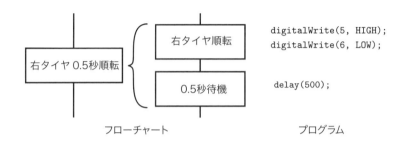

図3.14　プログラムの一部（右タイヤを0.5秒間順転）

5.3　プログラムの書き込みと確認

プログラムを書き込み，ロボットが正しく動作することを確認する。このとき，ロボットが卓上から落ちないようにタイヤを浮かせるなどの対策をする。

① プログラムを書き込み，右モータが0.5秒ごとに順転と停止を繰り返すことを確認する。

5.4　残りのプログラム

残りのプログラムを作成し，ロボットが正しく動作することを確認する。

① 「左タイヤを0.5秒順転させてから0.5秒停止」するプログラムを5.1節，5.2節を参考に入力する。
② 「両タイヤを1秒順転，1秒停止」するプログラムを入力する。
③ 「両タイヤを1秒逆転，1秒停止」するプログラムを入力する。

5.5　プログラムの書き込みと確認

プログラムを書き込み，左右のタイヤがプログラム通りに動いていることを確認する。

6　改良

ここまでの内容で第1章のロジックツリーにおいて，「前進，後退，右回転，左回転，停止といったロボットの移動に関する課題」と「センサを用いて目印を読み取る課題」はすで

に解決した．残る「読み取った情報をもとにロボットの動作を変更する課題」および「ラインが交差する交差点の認識に関する課題」については，プログラミング実習で解説する．これで本実習の内容は完了となるが，ものづくりでは，自動車やスマートフォンがモデルチェンジを繰り返すように，常に改良が求められる．今回のロボットにおいても，改善点がないか考える．

6.1 動作の振り返り

実習では図 3.15 に示す手順で動作確認をした．この中で，USB ケーブルを接続したタイミングでロボットが動き出す部分は意図したものではなく，突然動くことでロボットが卓上から落下する危険がある．そこで，「USB ケーブルや 006P 乾電池などを用いてマイコンに電力を供給しても，任意のタイミングまでロボットを動作させない」という課題を設定する．

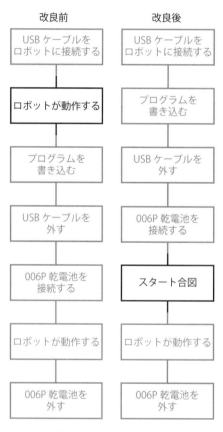

図 3.15　動作確認の手順

6.2 解決策の検討

ロボットの動作を制御するには，図 3.16 に示された左右のタイヤに繋がる矢印の一か所にスイッチを組み込み，スイッチが OFF の間はモータが動作せず，ON にするとタイヤが動き出す仕組みを作ればよい。例えば，電池ボックスにスイッチを追加し，スイッチが ON になるまでモータに電力を供給しない。あるいは，ギヤボックスにクラッチ機構を搭載し，クラッチが接続されるまではモータが空転するようにするなど，複数の方法が考えられる。今回は，プログラム上でマイコンの制御信号のタイミングを制御する方法を考える。タイミングを制御するためには，何らかのスタート信号をマイコンに入力する必要がある。ここでは，スイッチ（タクタイルスイッチ）を使用する。

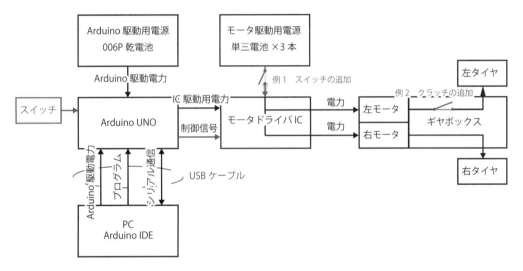

図 3.16　左右のタイヤの制御を示すブロック図

6.3 基本設計

1) 回路設計

スイッチの入力回路については，デジタル回路実習，プログラミング実習で扱ったため詳細は省略する。図 3.17 に回路図を示す。スイッチには，マイコンのデジタル I/O ピン（D7）と GND を接続する。スイッチが押されると D7 の電圧が 0 V になり，押されていないときは内部プルアップを有効にすることで 5 V となる。スイッチの配置は，今後の実習内容を踏まえ決める必要があり，実習中に指示する位置で取り付けること。

2) プログラム設計

ロボットが動作しないとは，スタートスイッチが押されるまで loop 関数を実行せず，タイヤが動かないことを指す。プログラムには順次構造，反復構造，選択構造があり，スイッチが押されるまで loop 関数を実行しないようにするには，反復構造が適している。図 3.18 に示すように，スイッチが OFF の間繰り返す構造にすることで，「スイッチが押されるまで

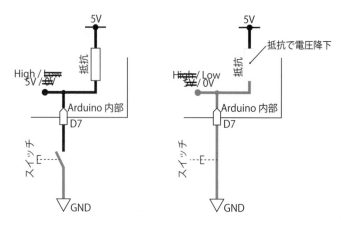

図 3.17　スタートスイッチの回路図

次の命令を実行しない」ことが実現できる．では，この命令を図 3.19 に示すフローチャートの A から D のどこに入れると良いか考えてみよう．まず，D に挿入した場合，一度動作してから待機するため，役割を果たさないことが明白である．A に挿入した場合は，待機した後，モータ出力制御のピンモード設定を行い，動作に移るため目的を果たしている．しかし，スイッチのピンモード設定とモータのピンモード設定の間に待機の命令が挿入されるため，機能が分散し，プログラムの可読性が低下する．C に挿入した場合は，ピンモード設定後に待機して動作に移るため，一見では目的を果たしているように思える．しかし，loop 関数の終了後に再度待機の命令が実行される．したがって，B の位置に命令を追加することで目的を達成できることがわかる．

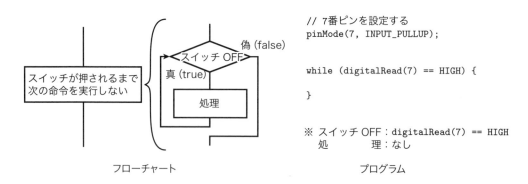

図 3.18　プログラム「スイッチが押されるまで次の命令を実行しない」

6.4　実施と検証

設計の通りにスイッチの設置とプログラムの追加を行い，プログラムを書き込むことで，課題「USB ケーブルや 006P 乾電池などを用いてマイコンに電力を供給しても，任意のタイミングまでロボットを動作させない」が達成されていることを確認する．

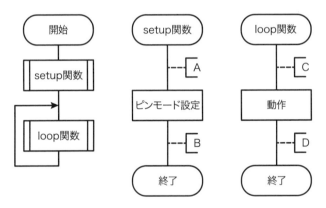

図 3.19　フローチャート（スタートスイッチの追加）

第 V 部

Hama-Bot の改良

第1章

Hama-Bot の改良 機械加工編

1 実習の概要

図 1.1 にこの実習で製作する改良型 Hama-Bot を示す。製作するロボットはアルミプ

図 1.1　改良型 Hama-Bot

レートにより任意の形状に設計でき，センサによって障害物を検知し回避することができる。このように，任意の形状を設計・加工する技術は，既製品を組み合わせるだけでは得られない付加価値を製品にもたらす。コストとトレードオフの関係であることを考慮しつつ，独自性を発揮してほしい。また，障害物を検知して避ける技術は，自動掃除ロボットなどにも応用されている。

　この実習を行うにあたり，提示する内容が唯一の正解ではないことに留意してほしい。例えば，今回の実習ではアルミプレートの切断や折り曲げ加工を行い，自身で設計したロボットシャーシを製作するが，他にも 3D プリンタを用いてシャーシを製作する方法や，コストより精度を求める場合はブロック材から削り出す方法もある。障害物検知の方法につ

いても，触覚センサと光センサを紹介しているが，赤外線センサや超音波センサを使用する場合もある。与えられた課題に対してどのような方法で解決するかは条件が満たされていれば自由である。自分であればどのような方法を選ぶか想像しながら積極的に実習に挑んで欲しい。

本章では，Hama-Botを任意の形状に変更する際に注意すべき設計ポイントを説明する。最適な形状を実現するためには，材料力学などの専門知識が必要となるが，これらの詳細な解説は専門書に委ねる。本章では，アルミプレートを用いた車体の製作方法として，板の切断と折り曲げ加工，また円筒形状やブロック形状の加工について，旋盤やフライス盤を使用した方法を紹介する。各加工工程では，作業手順を守らないと後の加工が困難になる場合があるため，事前に加工手順をイメージし，慎重に計画することが重要である。

第2章において，Hama-Botに新たに障害物を検知するセンサを導入し，それをロボットに取り付けることで障害物を回避できるようにする。外部からの情報をどのように取得するかは極めて重要である。暗闇を手探りで進むことが難しいように，ロボットにも目や手に相当するセンサが必要となる。

2　シャーシの基本設計

Hama-Bot製作実習では，ベースプレートとしてタッピングプレートを使用していたが，本実習ではアルミプレートを使用し，その設計方法について解説する。タッピングプレートの利点として，取り付け用の穴があらかじめ開いており，手軽に使用できる点がある。しかし，形状が一定であるため，最適な形状を得にくいというデメリットがある。一方で，アルミプレートを使用すると，加工の手間は増すものの，設計によって多様な形状を実現できるため，タッピングプレートを使用した場合に比べて優位性がある場合もある。

アルミプレートの最大の利点は，自由に形状設計ができることだが，それには設計者自身が最適な形状を考えなければならない。ロボットのシャーシについていくつかの形状案を図1.2に示す。まず，最も単純な形状で，アルミ板の切断と穴あけだけで作製できるが，

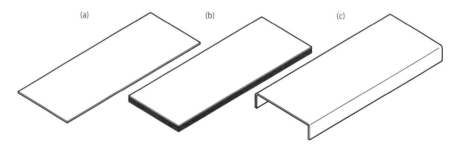

図1.2　シャーシ形状案

荷重が加わるとたわみやすい（図1.2(a)）。次に，プレートを重ね合わせて強度を増し，たわみにくくする方法があるが，その分重量が増加する（図1.2(b)）。最後に，折り曲げ加工

を用いてコの字型にすることで，重量を抑えつつ強度を確保する方法もある（図 1.2(c)）。ロボットの部品には軽量でかつ一定の強度が必要なため，今回はコの字型が最適と考えられる。3 つの形状の違いについては紙を使って簡単に体験することができる。コの字以外にも高強度にするために断面形状を工夫しているものは世の中に多く存在している。例えば，橋桁は良い例であろう。世の中にある製品の形状に興味を持ってみると良い（キーワード：断面二次モーメント）。

次に，部品の取り付け位置について検討する。配置については Hama-Bot 製作実習ですでに説明しているが，重心位置や部品の干渉に気を付ける必要がある。例えば，図 1.3 に示すように，今回の形状ではギヤボックスの出力軸が折り曲げた部分と干渉する可能性がある。これを防ぐためには，出力軸が干渉しないように穴をあけ，さらに片側に切り欠きを設けることで，取り付けを容易にする工夫が求められる。また，配線経路も考慮すべきで，モータの動力線をベースプレートの裏面から Hama ボード上面に通すために，モータ端子付近に適切な穴をあけると，配線作業が容易になる。

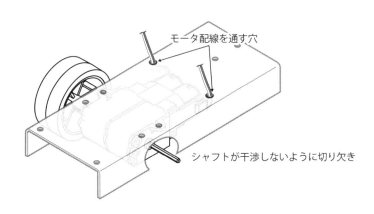

図 1.3　他の部品との干渉を考慮した設計

最後に，各部品の取り付け方法を確認する。改良前の Hama-Bot ではギヤボックスを固定するためにタッピングねじを使用したが，アルミプレート（厚さ 1 mm）を使用する場合はメートルねじとナットを使用する必要がある。メートルねじを使用するためには，ねじが通る穴をあける必要がある。ここで，穴の大きさについて考慮する必要がある。例えば，$\phi 3$ mm の穴をあける場合，1 つのねじは穴を通るが，穴の寸法に誤差があるため，同時に複数のねじ（ギヤボックスの場合は 4 本）を通すことが難しい。そのため，穴を少し大きく（例えば $\phi 3.5$ mm）あけると良い。ただし，穴を大きくしすぎるとねじの固定が不安定になるため，適切な大きさを選ぶ必要がある。各寸法が決まったら加工用の図面を作図する。図 1.4 に加工図面を示す。

設計では，強度，加工誤差，組立て性など，複数の要素を総合的に検討する必要がある。これらの要素を適切に考慮しないと，設計段階で見落としが発生し，後の加工や組立てで

第 1 章　Hama-Bot の改良 機械加工編

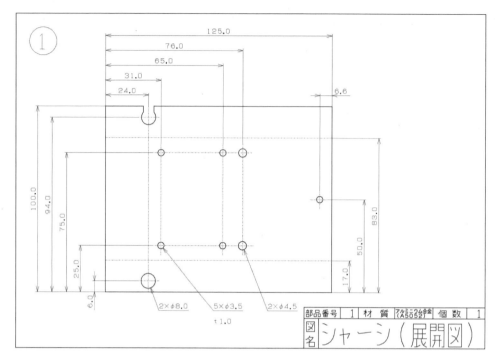

(a) シャーシの製作図面

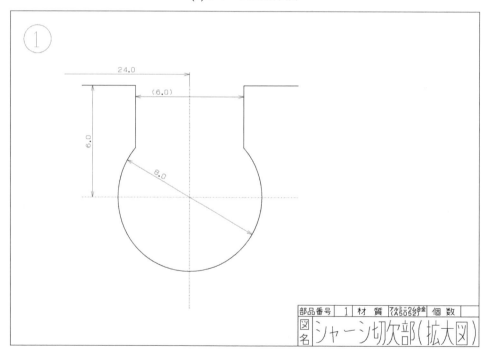

(b) 切り欠き部の拡大図

図 1.4　Hama-Bot シャーシの製作図面

不具合が生じる可能性が高い。特に，設計時に加工，組立て，そして実際の使用状況を具体的にイメージできるかが，良い設計につながる重要なポイントである。これらの作業を具体的にイメージする力は，実際の経験を積むことで養われる部分が大きい。本実習を通して，失敗も含めた経験を重ね，設計の質を高めてほしい。

3 シャーシの加工

設計に従ってシャーシを加工する。ただし，無計画に加工してはいけない。加工方法や手順を考えずに作業を始めると，工作物を固定できず，加工できなくなる場合がある。したがって，使用する工作機械の加工範囲についても理解しておく必要がある。

今回の実習では，以下の手順で加工を行う。

① ハイトゲージを使い，板に所要の大きさ（100 mm×125 mm）のケガキ線（加工時の目標となる線）を引き，それから切断する（図 1.5(a)）。
② 穴あけ加工や曲げ加工の位置にケガキ線を引く（図 1.5(b)）。
③ 板に穴あけ加工をする（図 1.5(c)）。
④ 板に曲げ加工をする（図 1.5(d)）。

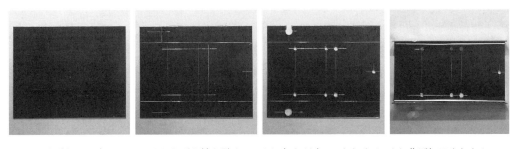

(a) 切断された板　　(b) ケガキ線を引く　　(c) 穴あけ加工されたシャーシ　　(d) 曲げ加工されたシャーシ

図 1.5　シャーシ加工の手順

3.1　板にケガキ線を引く

図 1.6 にケガキ作業で使用する工具の名称を示す。定盤，V ブロック，ハイトゲージ，工作物は重いため，誤って足に落とすと骨折などの重傷を負う可能性がある。靴を着用し，机の端で作業しないよう注意すること。定盤や V ブロックには防錆のために油が塗布されている。作業中に汚れる可能性があるため，汚れても良い服装で作業を行う。

ケガキ作業は加工の目標となる線を材料に付ける作業であり，この精度が加工後の出来栄えに大きく関わる。

(a) ハイトゲージ　　　(b) ケガキ針　　　(c) Vブロック　　　(d) 定盤

図 1.6　ケガキ作業で使用する工具の名称

　スケールとケガキ針を用いることもあるが，今回のケガキ作業ではハイトゲージを使用する。ハイトゲージとは高さを測り，ケガキをする道具である。これを使えば金属板に加工の基準となるケガキ線を引くことができ，このケガキ線に合わせて切断や穴あけの加工を行う。この作業をおろそかにすると，製作図面のように加工ができなくなり，見た目が悪いシャーシになってしまうので，工具は慎重に取り扱わなければならない。定盤に細かいゴミが乗っていると，そのゴミがハイトゲージや製作部品を傾けたりするため，正確な線が引けなくなるから注意すること。ケガキ線は必要最小限の長さにできると加工するときに間違えることはなくなるので，ケガキ線を引く順番も考えに入れたほうが良いだろう。以下にハイトゲージの扱い方について詳しく述べる。

① 作業スペースの清掃をする。定盤や工具類にゴミが付着すると工作物が傾き，正確な線が引けなくなる。

② ハイトゲージに付いている止めねじと微動送り車（目盛りの近くにある 3 つのねじ）が緩んでいることを確認。

③ スクライバ（刃のようにとがった箇所）を下げて定盤の面が 0 になっていることを確認（図 1.7(a)）。

　　※ このとき定盤とハイトゲージのベース基準面（下面）の間に隙間があってはいけない。0 に合っていない場合は職員に申し出ること。

④ スクライバを上げておおよその高さに合せ，上の止めねじを締める（図 1.7(b)）。

⑤ 微動送り車を使い正確な高さに合せる（図 1.7(c)）。目盛りは主尺と副尺（バーニヤ目盛り）があり，主尺で 1 mm 単位の寸法を，副尺でそれより細かい寸法を読み取る。

　主尺の読取り　副尺の 0 が超えた目盛りを読み取る。図 1.7(c) の場合は副尺の 0 が主尺の 15 の目盛りを超えているため，1 mm 単位の寸法は 15 mm と読み取れる。

　副尺の読取り　主尺と副尺の目盛りが最も重なっている目盛りを読み取る。図 1.7(c) の場合は分解能 0.05 mm の目盛りであり，重なった部分は副尺の 5 と 6 の間にある。つまり，0.55 mm と読み取れる。最後に主尺と副尺の読取りを足し合わせた 15.55 mm と読み取れる。

⑥ 下の止めねじを締めて（図 1.7(d)），高さを固定する。

⑦ Vブロックに板を垂直に立つように合わせてぐらつかないように抑え、ハイトゲージのベースを持ち、滑らせる様に動かし、板にケガキ線を引く（図1.7(e)）。

※ ケガキ線は慣れていないと見にくいので（図1.7(f)）、青マジック等を必要な箇所にあらかじめ塗っておき、ケガキ線を目立たせる方法もある（図1.7(g)）。

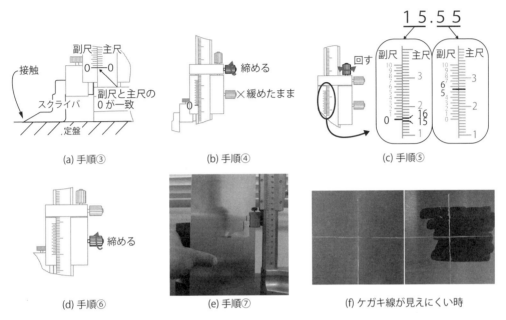

図1.7 ケガキ作業の手順

3.2 板の切断

切断機を使い板材を切断する。切断機は上下の刃が材料を挟み込んで切断する。切断時に真っ直ぐ切断することは難しく、特にケガキ線に沿ってきれいに切断するには慣れが必要である。そのため、余った破材を使って練習を行い、十分に慣れた後に本番の切断作業を行うと良い。

切断面には鋭いバリが発生するため、不用意に触ると怪我をする。切断後はヤスリでバリ取りを行うこと。切断機に指を挟まないよう注意すること。

① ケガキ線と切断機の刃の位置を合わせる（図1.8(a)）。

ポイント：刃を材料に当てる際は、視差によるズレが発生しやすいため、真上から確認して位置を合わせる。

② 材料を手でしっかりと押さえ、レバーに体重をかけて刃を下ろして切断する。材料の固定が弱いとケガキ線からずれ、斜めに切断されることがある（図1.8(b)）。

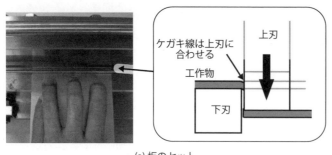 

(a) 板のセット　　　(b) 板の切断

図 1.8　板の切断手順

3.3　穴あけ・折り曲げ位置のケガキ作業

4.1 節と同様にハイトゲージを用いてケガくが，今回は横面からの高さについてもケガく必要がある．以下の手順に従って作業する．

① 横面からの高さをケガく．
② V ブロックを 2 つ使用し，工作物の裏面と横面を合わせて静かに定盤の上に底面を付ける．この際，手順②の精度によっては底面と定盤の間に隙間が生じる場合があるので基準面を見失わないよう注意する．
③ 底面からの高さをケガく．
　ポイント：基準面を意識し，特に 2 つの基準面（横面と底面）を見失わないようにすることが重要であり，これを怠ると寸法誤差が発生する可能性がある．

3.4　穴あけ加工

すでに実習で扱っている樹脂材料とは違い金属部品への穴あけ加工では，ドリルの刃先が滑り，正確な位置に穴が開かないことがある．あらかじめセンターポンチを使用してドリルの刃先を誘導するためのくぼみを付けるか，センタードリルで小さな下穴をあける．ボール盤の使用方法は Hama ボード加工時に説明しているためここでは詳細は省略するが，大まかな作業手順について説明する．また，アルミの加工では大きなバリが発生することがある．樹脂加工ではバリが問題にならなかったかもしれないが，アルミ加工ではバリが作業の妨げになることがあるため，適宜バリ取りを行いながら穴あけ作業を進める必要がある．

① センターポンチとハンマーを用いて穴位置に窪みを付ける．
② ϕ3.5 mm のドリルを使用し，ϕ3.5 mm と ϕ8 mm の位置に穴をあける．
③ ϕ4.5 mm のドリルに付け替え，ϕ4.5 mm の穴位置に穴をあける．
④ ϕ8 mm のドリルに付け替え，ϕ8 mm の穴位置に穴をあける．

3.5 切り欠き部の加工

シャーシには，穴と板の長辺がつながって Ω の形状を形成する部分がある。この形状は，穴あけ後に追加工を行うことで実現できる。このように穴をつなげる加工はヤスリや金属用のノコギリを使っても可能であるが，今回はハンドニブラを使用して加工する。穴の加工とは異なり，切り欠き部の寸法はギヤボックスのシャフト用であり，高精度でなくても問題ない。

① ハンドニブラの中心を穴のケガキ線に合わせる。
② ハンドニブラを握り，切り取る（図1.9）。
③ 手順①～②を穴とつながるまで繰り返す。

(a) 切り欠き作業　　　(b) 切り欠きの量

図1.9　切り欠き部の加工

3.6 板の曲げ加工

折り曲げ機を使用して板を曲げる工程では，曲げ加工の寸法精度が問題となることがある。特に手動で曲げ加工を行う場合は作業者の熟練度に影響を受ける。安定した寸法を保つには適切な操作と練習が重要である。

① 締め付けネジを緩め，押さえ刃を持ち上げて工作物を挟む。
② 厚み調整リングを回し，材料の厚みに合わせて間隔を調整する。
③ ケガキ線と押さえ刃の先端を合わせ，締め付けネジを締めて固定する（1.10(a)）。
④ ハンドルを 90°＋α 持ち上げて折り曲げる（図1.10(b)）。

ポイント：材料には弾性があり，折り曲げ板を戻すと材料の角度も少し戻る。これを勘定に入れて曲げる必要がある。

4 スペーサの製作

今回の実習では曲げ加工と切断により，板材を加工し，ボール盤により穴あけを行った。板金を使用した部品は世の中に多くあふれているが，板金のみですべての形状ができるわけではない。ここでは実習室にある他の工作機械として円筒形状を加工する旋盤と，平面形状を加工するフライス盤を用いて図1.11に示すスペーサ形状を示す。

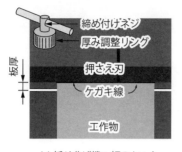

(a) 折り曲げ機へ板のセット　　(b) 折り曲げ　　(c) 折り曲げ部の丸み

図 1.10　折り曲げ機による板の折り曲げ

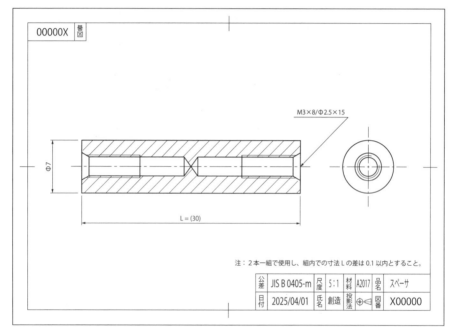

図 1.11　スペーサの加工図面

安全上の注意

- 加工中に刃が折れて飛んでくる場合がある。周囲の人を含め保護具を着用すること。
  ※　手袋は刃に巻き込まれる可能性があるため使用しない。
- 刃がむき出しであり，指を切断する危険性がある。動作中は刃から目を離さないこと。

4.1　使用する工作機械とその部分の名前および工具の名前

　製品を加工する前に，工作機械や工具の名前を覚える。これは操作方法に疑問が生じた場合，適切な指示をもらうためにも重要になる。そこで，使う工作機械やその主要な部分および工具の名前を次項から記す。この加工では平面の加工（丸棒の端面の加工）にフライス盤，穴あけに旋盤，ねじ立てにタップを使用する。それぞれの工作機械，工具を図 1.12,

図 1.13，および図 1.14 にそれぞれ示す。

(a) スイッチ

(b) エンドミル

(c) ワークテーブルの
    ハンドル

(d) （卓上）フライス盤

(e) 上下送り固定ねじ

(f) 上下送りハンドルと
    目盛り

(g) ワークテーブルと
    バイス

図 1.12　フライス盤とフライス盤に使う工具

248　第1章　Hama-Botの改良 機械加工編

(a) スイッチ

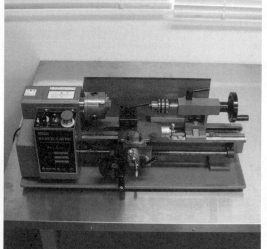

(g) チャックハンドル

(b) チャック

(d) (卓上) 旋盤

(h) ドリルチャックのハンドル

(c) ドリルチャック

(e) 芯押し台の目盛り

(f) 芯押し台

(i) 芯押し台のハンドル

図1.13　旋盤と旋盤に使う工具

(a) タップ (M3)

(b) タップホルダー

(c) 万力

図1.14　ねじ立てに使う工具

4.2　スペーサ加工の順番

スペーサを製作するには，以下に示す手順で工作機械や手作業による加工を行う．

① 棒の端面（切断部分）を平らにする（図 1.15(a)）．

② 棒の端面にセンター穴をあける（図 1.15(b)）．

③ センター穴をねじ用の下穴にあけなおす（図1.15(c)）。
④ 下穴にねじを切る（図1.15(d)）。

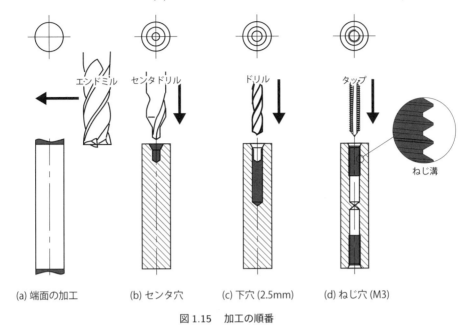

(a) 端面の加工　　(b) センタ穴　　(c) 下穴 (2.5mm)　　(d) ねじ穴 (M3)

図1.15　加工の順番

4.3　フライス盤による加工

　円筒状の物を加工する場合，通常は旋盤を使い端面の加工をするが，今回はフライス盤を使い端面の加工をする。加工するに当たり，2本の棒はなるべく長さのそろった物を選ぶようにすると，加工にかかる時間は少なくなる。詳しい加工手順は以下に示す。

① フライス盤の電源（コンセントとスイッチOFF）を確認。
② エンドミルが上に上がっていることを確認。
　　※ 上がっていなければ，上下送りハンドルを使い，エンドミルを上に上げる。
③ バイスの中に落ちている切屑があれば，ウェス（紙や布の切れ端）やハケを使い取り除く。
④ フライス盤についているバイスにある外側の溝に合わせて2本の棒をセットする（図1.16(a)，(b)）。
⑤ ワークテーブルのハンドルを回してワークテーブルを動かし，エンドミルの真下に棒を移動する。
⑥ エンドミルの刃先と棒が当たらない程度まで下げる（図1.16(c)）。
　　※ 2本の棒の高さを良く見て，高い方から1mm程度上にする。
⑦ フライス盤周りの安全を確認。
　　※ 特にワークテーブルに工具やウェスが乗っていないこと。
⑧ フライス盤のスイッチをONにして上下送りハンドルを右にゆっくりと回し，エンド

ミルの刃先が棒に当たるところまで下げる。

　※ このとき棒が削られ始めるため，かすかな音が聞こえてくる。

⑨ 上下送り固定ねじを締めてエンドミルの高さを固定し，ワークテーブルをゆっくり動かし，2 本の棒の端面全体を削る（図 1.16(d)）。

⑩ エンドミルの真下から棒を完全にはずし，上下送り固定ねじを緩める。

⑪ 上下送りハンドルでエンドミルの刃先を 1 〜 3 目盛り分下げる。

⑫ ⑨から⑪の作業を繰り返し，2 本の棒の端面全体が平らになったら（図 1.16(e)）フライス盤のスイッチを OFF にする。

⑬ ワークテーブルを手前に移動させ，エンドミルを上にあげて，2 本の棒を取り外し，バイスの中に落ちている切屑を取り除いて，2 本の棒を削られた端面を下にしてバイスの外側の溝に合わせてセットする。

　※ このとき端面にバリがあると高さがそろわないので紙やすりを使いバリを取っておく。

⑭ ⑤から⑫までの作業をする。

⑮ すべての端面加工が完了したら，エンドミルを一番上にあげて，棒を取り外しフライス盤周りの清掃を行う。

(a) 2 本の棒をのせる　(b) バイスへセット　(c) エンドミルの刃を下げる　(d) 途中の状態　(e) 完了の状態

図 1.16　フライス盤での端面加工

危険予知問題：ワークテーブルに工具やウェスが乗ったままフライス盤の運転をすると，どのような危険が考えられるか。

4.4　旋盤による加工

　続いて棒の両端にねじ穴のための下穴をあける加工をする。これは旋盤を使って作業をする。単純な穴あけならばボール盤でも十分であるが，今回のように棒の中心へ穴をあける場合，旋盤を使用した作業が有効である。詳しい加工手順は以下に示す。

① 旋盤の電源（コンセントとスイッチ OFF）を確認。

② チャックハンドルを用いて旋盤のチャックに棒をセットする（図 1.17(a)）。

③ ドリルチャックのハンドルを用いてセンタードリルをドリルチャックにセットする（図 1.17(b)）。
④ 芯押し台の位置を決め，スパナを用いてセットする（図 1.17(c)）。
　　※ このときセンタードリルとドリルの長さの差を考えてセットすれば手順⑫は飛ばすことができる。
⑤ 旋盤周りの安全を確認。
　　※ 特にチャックにハンドルが付いていないことを確認。
⑥ 旋盤のスイッチを ON（FORWARD）にして，芯押し台のハンドルを右に回しセンター穴をあける（図 1.17(d)）。
　　※ センター穴の大きさは棒の直径と比べて半分くらいまであける。
⑦ 旋盤のスイッチを OFF（0）にして，芯押し台のハンドルを左に回し元の位置に戻す。
　　※ 戻しすぎるとドリルチャックが外れるので注意。
⑧ チャックハンドルを用いてチャックを緩め，棒を取り出す。
⑨ センター穴のあいていない端面をチャックにセットして，⑤から⑧までの作業を繰り返す。
⑩ ドリルチャックのハンドルを用いてセンタードリルをはずし，ドリルに取り替える。ドリルの太さは 2.5 mm のものを使う。
⑪ センター穴をあけた棒を旋盤のチャックにセットする。
⑫ 芯押し台の位置を決め，スパナを用いてセットする。
⑬ 旋盤周りの安全を確認。
⑭ 旋盤のスイッチを ON にして，芯押し台のハンドルを右に回し下穴をあける（図 1.17(e)）。
　　※ ドリルに切削油を塗るとよい。下穴の深さは 15 mm 程度あけるが，これは穴径に比べてかなり深い穴になるのでキリコを詰まらせないよう複数回に分けて作業するとよい。
⑮ 旋盤のスイッチを OFF にして，芯押し台のハンドルを左に回し元の位置に戻す。
⑯ チャックから棒を取り出す。
⑰ 下穴のあいていない端面をチャックにセットして，⑬から⑯までの作業を繰り返す。
⑱ すべての端面加工が完了したら，棒とドリルを取り外し旋盤周りの清掃を行う。

(a) 棒のセット　　(b) ドリルのセット　　(c) 芯押し台のセット　　(d) センター穴加工　　(e) 下穴加工

図 1.17　旋盤での下穴あけ加工

危険予知問題：チャックにチャックハンドルが付いたまま旋盤の運転をすると，どのような危険が考えられるか．

4.5 手作業による加工と寸法の確認

スペーサの両端面にあけられた下穴にタップを用いて手作業によるねじ切り加工をして完成となる．なお，使用するタップは非常に折れやすいので，取り扱いに注意が必要である．タップは棒に対し一直線上になるよう慎重に作業する．特に削り始めはタップが下穴に対して一直線になりにくいため，複数の方向からタップの状態を確認するなど慎重な作業が必要になる．タップ作業は1周半右回しをしたら半周左回しをするように作業する．左回しのとき「ブチブチ」といったキリコが切れる手ごたえがあるので，意識してみよう．今回は長さ6mmのねじを使うので，ねじ穴を深くする必要はない．

1) タップ作業

① 万力に口金を当てて棒をセットする（図1.18(a)）．
② タップをタップホルダーに固定し，切削油を塗ってねじ穴をあける（図1.18(b)）．
　　※ タップの刃先が滑ることがあるので，始めは回転の力に加え下穴に押し付ける力が必要であるが，タップが引っかかれば回転の力だけでよい．
③ タップが半分程度入るまでねじをきる．
④ タップを取り出したらタップの溝に入っているキリコを取り除く．
⑤ すべての端面加工が完了したら，棒を取り外し万力周りの清掃を行う．

(a) 棒のセット　　　(b) タップによるねじ立て

図1.18　手作業での加工

2) 寸法測定

ここで製作したスペーサの長さを測る．測定工具として今回はノギスを使い寸法を測定する．一般的なノギスは円の外径や部分の長さを測ること，円の内径や溝の幅を測ること，段の高さや穴の深さを測ることという機能がついている．

ノギスを見てみると目盛りが2つ向かい合わせになっているのに気が付く．本体に付いている目盛りは主尺と呼び，普通の物差しと同じで間隔で線を引いてある．スライダについている目盛りは副尺（バーニヤ）と呼び，線の間隔が小さくなっている．このことによ

り主尺の目盛と副尺の目盛は一致するところとずれているところが現れる。この主尺と副尺にある目盛のうちどこが一致しているのかを利用することで1mm以下の寸法が読み取れるようになっている。副尺には読取り精度が書いてあり，このノギスは1/20（0.05mm）である。

最初に0mmの状態を見てみよう（図1.19(a)）。ジョウがぴったりくっついているとき，主尺の0の目盛りと副尺の0の目盛りが一直線になっている。このとき，副尺のすぐ左に隙間がある事に気が付く。この場所を使ってスペーサの採寸を行うと寸法が小さく表示され，正しい寸法にはならないので注意が必要である。

【寸法の読み方】

① 外側用ジョウ（くちばしのようになっている部分）の中央当たりにスペーサをしっかりはさむ（図1.19(b)）。
② 副尺（バーニヤ）の0の位置が主尺の目盛りのどこにあるのか（副尺の0が主尺のどの値を超えたのか）を読み取る（図1.19(c)：31 mm）。
③ 主尺の目盛りと最も重なる副尺の目盛りを読み取る（図1.19(d)：0.80 mm）。
④ ②の主尺の読みと③の副尺の読みを足し合わせたものがその寸法となる（31.80 mm）。

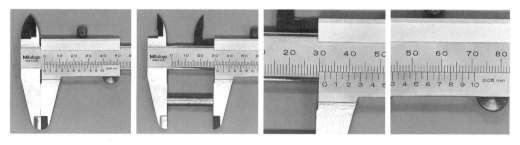

(a) 主尺とバーニヤの目盛り　　(b) ジョウにはさむ　　(c) 主尺の読取り　　(d) 副尺の読取り

図1.19　ノギスによる採寸

第 2 章

Hama-Bot の改良 センサ編

1 実習の概要

ロボットは周辺環境を認識するためのセンサを取付ける必要がある。各種センサによって認識することができる環境は異なるから，適切なセンサを選択する必要がある。改良前の Hama-Bot では床面の白黒を検出するために赤外線センサを使用した。ここでは，Hama-Bot が障害物を検知して回避走行が可能となるよう，昆虫の触角と同様に，何かに触れたことを検知する触覚センサ（タッチセンサの一種）を作製し，左右 2 箇所に取り付ける（図 2.1）。

図 2.1　Hama-Bot 触覚センサ

2 基本設計

2.1 目的の把握

ロボットが障害物を検出し，センサの値に応じて動作を変え障害物を回避することが今回の課題である。センサ入力による動作変更は既に何度か経験しているため，これ自体は新しい課題ではない。したがって，今回の実習でどのように障害物を検出できるか考えることが最も重要な課題となる。

2.2 検出方法の検討

センサは表 2.1 に示す通り多数存在する。そのうち, 障害物を検出するセンサはタッチセンサ, 感圧センサ, 超音波センサ, 光センサ, PSD 距離センサがある。それぞれ, 動作原理により得手不得手がある。例えば, 検出距離については, タッチセンサや感圧センサは障害物に接触しなければ反応しない。超音波センサや光センサ, PSD 距離センサは離れた位置から障害物との距離を検出することができるが, 測定値には誤差が含まれるため検出するタイミングは接触型のセンサに比べ不確実となる。また, 光センサや PSD 距離センサは障害物に反射した光を検出するため, 障害物の色や材質, 表面形状によって光が吸収されると検出できない。今回の課題では, 障害物の色や材質, 表面形状については不明であり, 確実な検出を行うならば, タッチセンサが適切と言える。

表 2.1 センサの種類と特徴

検出対象 （外部刺激など）	センサの種類	特徴・動作原理など
光	CdS セル	明るいときは抵抗値が小さく, 暗くなるとともに抵抗値が大きくなる素子を利用したもの。光の明暗によってロボットに異なる動作をさせることが可能になる。
	フォトダイオード	光を当てると光の量に比例した電流（光電流）が流れる。この性質を利用して光の有無を検出するのに使われる。
	フォトトランジスタ	バイポーラ型のトランジスタのベースに相当する部分に光が当たると, その強さに応じてコレクタ電流が変化するもの。光の強さを計測する用途に用いられる。
	イメージセンサ	画像を撮影することによって, 光の強度はもちろん, 物体の認識なども可能であるが, 情報量が多いため複雑な処理が必要である。
障害物	タッチセンサ	ものに触れたことを検出する用途に用いられる。ロボットで使用する場合は, マイクロスイッチやウィスカワイヤが用いられる。
	感圧センサ	力による押し具合の強弱によって連続的に抵抗値が変化するものである。抵抗の変化を感知して圧力や力の大きさを計算することができる。

2 基本設計 257

表 2.1 センサの種類と特徴（続き）

検出対象 （外部刺激など）	センサの種類	特徴・動作原理など
障害物（続き）	超音波センサ	センサから超音波を照射し，反射してきた超音波を検出するものである。反射検知角度は狭いが，障害物までの距離を検出する用途に用いられる。
	光センサ	発光素子と受光素子で構成され，発光素子より光を照射し，反射した光の有無を受光素子で検出することによって，障害物の存在の有無を判断する。発光素子には，赤外線 LED が主に用いられる。受光素子としては，フォトダイオードやフォトトランジスタが使用される。
	PSD 距離センサ	PSD 距離センサから光を照射し，反射してきた光を検出するものであるが，レンズによって集光された反射光は，その入射角によって受光素子上の集光位置が変化する。障害物までの距離が変化すると検出される反射光の集光位置も変化する。これを利用することによって，三角測量の原理を用いて障害物までの距離が計算できる。
音	マイクロフォン	音を電気信号に変換するもの。音でロボットをコントロールする用途に用いることができる。
熱	サーミスタ	温度によって電気抵抗の値が変化する（温度が高くなると抵抗値が増大する）ことを利用したものである。
	熱電対	異種の2本の金属線から構成され，それぞれの一端を接合したものである。接合した部分と両端とに温度差が生じると，温度差に応じた熱起電力が発生する（ゼーベック効果）。この熱起電力の大きさから接合部の温度を検出することができる。

2.3 センサの形状設計

触覚センサの構造はスイッチと同一であり，2つの導体が接続したり，遮断することにより障害物の有無を検出することができる。スイッチの構造は単純であるため，今回は既存の触覚センサは使用せず，ピアノ線を加工して自作のセンサを製作する。図2.2に右側のタッチセンサの構想図を示す（左側の触覚センサは左右反転して同一の構造）。センサはブレッドボード上に構築し，障害物が触角に接触すると触角がたわみブレッドボード上の端子に接触する。触角に使用するピアノ線は鋼線であり，障害物が取り除かれると，弾性によって触角は元の位置に戻り端子から離れることで障害物に接触している間ON，それ以外はOFFのスイッチとして動作をする。

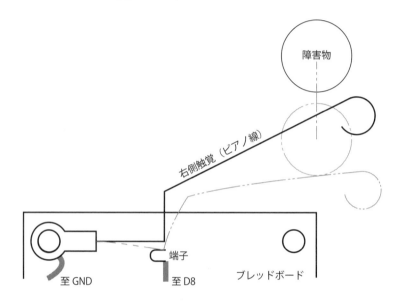

図2.2　触覚センサの構想図

2.4 センサ入力回路の設計

センサだけではマイコンが認識することはできない。マイコンはピンにかかる電圧が閾値電圧（約2.3 V）より大きいか小さいかを判断できるので，スイッチの状態に応じてピンに0Vか5Vが加わるように適切な入力回路を作る必要がある。図2.3に回路図を示す。スイッチの状態を読み込むので，まず，スイッチとマイコンの入力ピンを接続する。次に，スイッチのもう片方をGNDと接続する。これで，スイッチが押されると入力ピンの電圧は0Vで固定される。スイッチが押された状態の電圧は確定したが，スイッチが押されていない状態での電圧は決まっていない。スイッチが押されていない場合での電圧を決めるには，適当な抵抗を介して5Vを入力ピンと接続すればよい（プルアップ回路）これにより，入力ピンにはスイッチOFFの状態で5 V，スイッチONの状態で0 Vがかかり，スイッチの状態を電圧信号として読み取ることができる。プルアップ回路はブレッドボード上で自作

することもできるが，今回使用するマイコンには機能として内部プルアップ回路が備わっている。プログラム上で使用するピンを INPUT_PULLUP に設定することで，Arduino 内部でプルアップ回路が組まれブレッドボード上に回路を組まなくても良くなる。また，万が一，入力ピンを誤って出力ピンに設定し 5 V を出力した際にショートを防ぐため，保護抵抗として 1 kΩ の抵抗を挿入する。

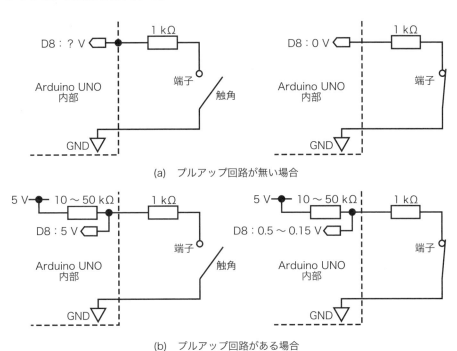

図 2.3 触覚センサの回路図

2.5 プログラムの設計

今回行いたい動作の流れは，センサが反応していないときは前進し，右の触覚センサが反応したときは任意の時間後退し，約 90°左旋回して障害物回避する。また，左の触覚センサが反応したときは，同様に右旋回で回避する。動作の設計には順次構造，選択構造，反復構造を意識しながら，フローチャートを用いるとよい。図 2.4(a) に今回のプログラムのフローチャートを示す。setup 関数では使用する I/O ピンのピンモードを設定する。loop 関数では，左右の触覚センサの値を読み取り，読み取った値に応じた動作を行うことで目的の動作となる。ここで読み取った値に応じた動作を実現するためには，プログラムの 3 つの構造のうち，選択構造を使うことは容易に想像ができる。選択構造部分のフローチャートを図 2.5 に示す。選択構造を使うことで障害物がない場合，左前方に障害物がある場合，右前方に障害物がある場合，前方に障害物がある場合のそれぞれの場合において，違う動作を行うことができる。各条件における動作は図 2.6 に示すフローチャートの動作である。

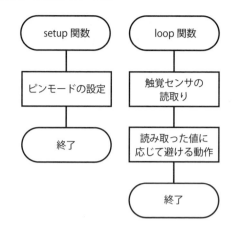

図 2.4　障害物回避のためのフローチャート（全体像）

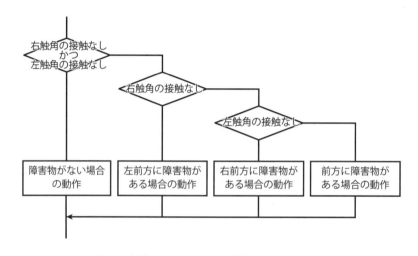

図 2.5　触覚センサによる選択構造のフローチャート

ここで，両タイヤが逆回転するとロボットは後退する．後退の継続時間についてはロボットの状態（モータの個体差，ギヤボックスの損失，電池残量等）により異なるため必要な時間が異なる．1 秒程度が良いと思うが，実際にテスト走行を行い確認する．同様に左右のタイヤを順転と逆転させることで右旋回・左旋回の動作となり，継続時間は左前方・右前方に障害物の場合は約 90°，前方に障害物の場合は約 180° になるように設定する．

2.6　トラブルシューティングと「見える化」

本実習では教科書通りに設計，組み立てを行ったつもりであっても，必ず期待通りの動作するとは限らない．多くの学生がこの実習に限らず，今後のものづくり活動においてトラブルと直面する．今回の実習で発生する可能性がある簡単な例として，触覚センサに接触してもモータが動作しない場合のトラブルシューティング（問題解決）を解説する．

効率的にトラブルシューティングを行うためには，問題が発生している箇所がどこにあ

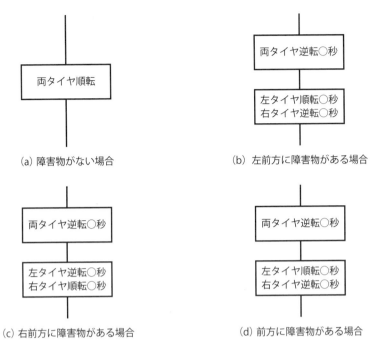

図 2.6　各条件における動作のフローチャート

るかを見つけることが必要である。システムを各要素で捉えると，触覚センサ，マイコン・プログラム，駆動系に大きく分けることができる。このうち，1つの要素でも問題が発生すると，触覚センサに接触してもモータが動作しなくなる。したがって，どの要素に問題が発生したか切り分けて考えることができれば効率的に解決できる。

次にどの要素に問題があるか検出するにはどうするか考える。例えば，マイコンが故障している場合，電源ランプの LED が点灯していない場合が考えられる。このように，LED を使うことでロボットの状態を「見える化」することで，正常か異常かを検出できるようになる。触覚センサの場合は設計のままでは異常が発生した場合に外部から確認する方法はない。そこで今回の実習では左右の触覚センサの反応に応じて点灯する LED を2つ追加する。これにより，LED の点灯状態によって，ロボットのどこに不具合が発生しているか判断できるようになる。触覚センサに触れても LED が点灯しない場合は触覚センサに異常があるか，プログラムに異常がある場合が考えられる。逆に，LED が点灯していてモータが回転しない場合は駆動系に問題が発生している可能性が高い。

このように，原因の場所を特定できるように設計することが，結果的には速く課題解決につながる。また，Arduino とパソコン間ではシリアル通信を行うことができ，USB ケーブルを接続した状態であれば Arduino が読み取った値をパソコン画面上に表示することもできる。図 2.7 に追加する LED の回路図と図 2.8 にトラブルシューティング用の命令を追加したフローチャートを示す。

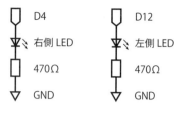

図 2.7　LED の回路図

3　触覚センサの組み立て

3.1　触覚センサの製作

図 2.9 に 2 つの触覚センサの製作工程図を示す．製作は，次の手順で行う．

① ピアノ線（0.7 mmϕ）をペンチで切断し，150 mm の長さのものを 2 本用意する（図 2.9(a)）．

注意：切断したピアノ線の先端は鋭利な形状となっているため，取り扱いには十分に注意する．

② ラジオペンチを用いて，切断したピアノ線の一端から約 5 mm の位置で折り曲げる（図 2.9(b)）．

③ ペンチあるいはラジオペンチを用いて，2 で曲げた端より約 30 mm の位置を直角に曲げる（図 2.9(c)）．続いて，直角に曲げた位置より約 15 mm の所で，約 50° の角度に斜めに曲げる（図 2.9(d)）．

④ ②で折り曲げた端とは反対の端をラジオペンチで丸く曲げる（図 2.9(e)）．ラジオペンチを少しずつ送りながら曲げると，比較的簡単に丸く曲げることができる．

⑤ ②で折り曲げた箇所を圧着端子の筒部に挿入し，圧着ペンチで締め込む（図 2.9(f)）．圧着ペンチで圧着端子を締め込む際には，端子歯口にあったメス歯口に圧着端子を差し込み，圧着端子の筒部のろう付箇所（すじがある面）がオス歯口の中心になるよう位置を決め圧着する．

⑥ もう 1 つの触覚センサも同様に製作する．ただし，触覚センサ根本への圧着端子の取付けは，左右の圧着端子の表裏が逆になるようにする（図 2.9(f)）．

3.2　触覚センサの取付けと電子回路の組み立て

触覚センサを Hama ボードのブレッドボード上に取付け，図 2.3（触覚センサ）と図 2.7（LED）の回路図に従って，電子回路を組み立てる．図 2.11 に実装図を示す．製作の手順はどの回路から行っても良い．なお，電子部品のリード線，ジャンパ線をブレッドボード上の穴に差し込む場合，ラジオペンチを用いると便利である．

1) 触覚センサの取付け

図 2.11 を参考にして，触覚センサをブレッドボードに取り付ける．

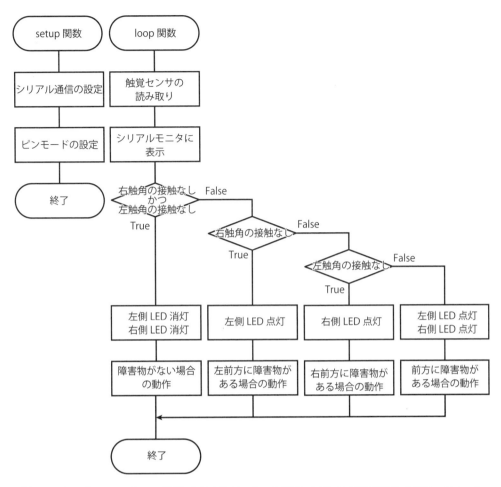

図 2.8 トラブルシューティング用にシリアルモニタへの表示と LED の点滅を追加したフローチャート

① アース線の製作（2 本）

　黒単線（約 4 cm）を 2 本用意し，両端 1 cm 程度の被覆をむく。各単線の片端を 5 mm 程度折り曲げ 2 重にし，圧着端子を被せ圧着ペンチでかしめる。

② 左右触覚センサ・アース線の取付け

　触覚センサの取り付けは，触角の圧着端子をビス止めして行う。なべねじ M3×25 をブレッドボードの裏（アクリル板側）から突き立て，ブレッドボード表側の飛び出たビスにハトメ（左側には 2 個，右側には 3 個），①で製作したアース線，触角の順に通し，最後に M3 ナットで固定する。

③ 接点（裸のスズメッキ線）の取付け

　触覚センサからの信号を Arduino へ伝えるための入力用接点を左右 2 個作製する。スズメッキ線を 4 cm 程度の長さに切り出し，中央部に幅（ブレッドボードの 1 ピッチ幅程度）を持たせてコの字型に折り曲げる。右側のセンサの方がハトメ 1 個分高いので長めでよい。折り曲げたスズメッキ線が左右触覚センサどちらかのみに触れるような

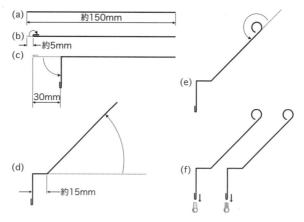

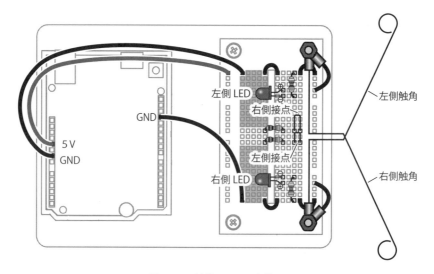

図 2.9　触覚センサの製作工程図

図 2.10　触覚センサの実装図

位置にそれぞれ挿入する（例えば I_{11}–J_{11}，I_{13}–J_{13}）。

※ I，J の記号は，ブレッドボードの行記号を示し，添え字は列番号を示す（行記号 A が Arduino 側になるようにブレッドボードを取り付けた場合）。

④ 接点の接触確認

左右の触覚センサの先端部分をブレッドボードの方向に軽く押したとき，触覚センサが左右の入力接点どちらかのみに触れることを確認する。

2）回路の組み立て

図 2.3（触覚センサ）と図 2.7（LED）の回路図 を参考にして，触覚センサ用の回路と表示用の回路をブレッドボード上に組む。なお，Arduino から供給される 5 V と GND の線は Hama-Bot 製作実習から変更しないので，ブレッドボードの接続について再度確認してから組み立てを行うこと。

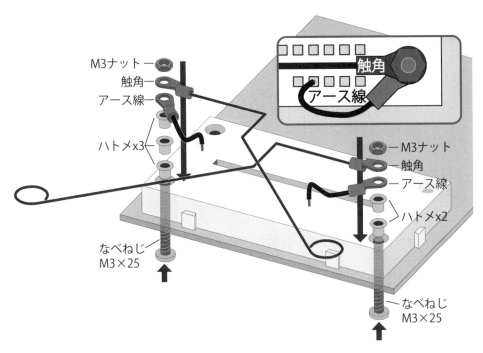

図 2.11　触覚センサの取り付け図（囲みはアース線の接続図）

① 抵抗のリード線の加工

　入出力回路に使用する抵抗のリード線の処理を行う。ブレッドボードに取り付ける位置の幅に合わせて，抵抗のリード線をコの字型に曲げる（ブレッドボートの穴の間隔で 4 ピッチ幅）。ブレッドボードには触覚センサ回路の他にモータドライブ回路も搭載されるため配線が込み合う。抵抗のリード線が互いに触れてショートしないようにリード線は 1 cm 程度残して切り取る。

② ジャンパ線の準備

　入力信号用として青色 6 cm，出力信号用として黄色 8 cm のワイヤを各色 2 本切り出し，ブレッドボードと Arduino をつなぐジャンパ線とする。また，ジャンパ線両端の被覆はワイヤストリッパを用いて 1 cm 程度むいておく。

③ 部品取付けとジャンパ線の配線を以下の要領で行う。回路図通りに接続することができればブレッドボード上のどの位置に部品が配置されていても正常に動作するが，スペースに限りがあるため，この実習では図 2.11 に示す通りに部品を配置するとよい。

(a) LED の電流制限に使用する 470 kΩ 抵抗を GND と接続するように配置する（左右に 1 つ）。

(b) LED のカソード側が抵抗の GND とつながってない側と接続するように配置する。

(c) LED のアノード側と Arduino のデジタル I/O ピンを青色ジャンパ線で接続する。

　　※ 右側 LED — D4，左側 LED — D12

266　第 2 章　Hama-Bot の改良 センサ編

(d) 触角が接触する接点と接続するように 1 kΩ の抵抗を配置する。

(e) 配置した 1 kΩ の接点と接続していない側と Arduino のデジタル I/O ピンを黄色ジャンパ線で接続する。

　　※ 右側を感知する触角の接点 — D8，左側を感知する触角の接点 — D7

(f) 各触角に取り付けたアース線を GND と接続する。

(g) すべての部品と配線を接続したら回路図と比較して間違った接続がないか確認する。

3.3　プログラムの作成と動作確認

　基本設計で設計したフローチャートの通り，プログラムを作成する。ただし，いきなりすべてのプログラムを作成すると，プログラムの間違いに気が付きにくくなる。そのため，モータ駆動（回避動作）に関する命令を除いたセンサ動作を確認した後，すべてを作成すると良い。

① setup 関数の記述

　　setup 関数にはシリアル通信の設定とピンモードの設定など，一度だけ実行したい命令を記述する。

(a) Serial.begin メソッドによりシリアル通信の設定を行う。

(b) pinMode 関数により使用する I/O ピンのモードを設定する。使用する I/O ピンとモードの対応は表 2.2 のようにまとめると分かりやすい。

表 2.2　使用する I/O ピンのピンモード設定

I/O ピン	ピンモード	用途
D4	OUTPUT	右側センサ LED
D12	OUTPUT	左側センサ LED
D7	INPUT_PULLUP	左側触覚センサ
D8	INPUT_PULLUP	右側触覚センサ
D5	OUTPUT	右タイヤ（IN1）
D6	OUTPUT	右タイヤ（IN2）
D10	OUTPUT	左タイヤ（IN2）
D11	OUTPUT	左タイヤ（IN1）

② loop 関数の記述

　　loop 関数にはセンサの読取りや各動作など，繰り返し実行したい命令を記述する。

(a) センサの読取り

　　センサの読取りについては適切な名前（意味の分かる名前）で変数を定義し，digitalRead 関数で読み取った値を代入する。

(b) シリアルモニタに表示

3 触覚センサの組み立て　267

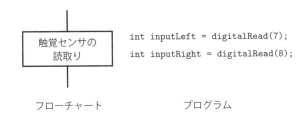

図 2.12　センサの読取り（フローチャート）とプログラムの対応

シリアルモニタに読み取ったセンサの値を表示する命令を記述する。

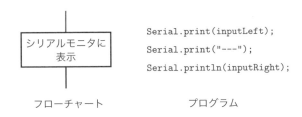

図 2.13　シリアルモニタに表示（フローチャート）とプログラムの対応

(c) 読み取った値に応じて避ける動作

if 文を使用し，選択構造を作る。if の後ろの括弧には条件を入れ，中括弧内には条件が真の場合に実行する命令を記述する。今回の命令ではフローチャートから分かる通り，4 通りの場合に分岐する。分岐のための条件は「右触覚の接触なし"かつ"左触覚の接触なし」「右触覚の接触なし」「左触覚の接触なし」である。触角に接触がない場合の読取り値は HIGH（1）であり，読取り値を代入した変数と比較演算子（==）により等しいか判断する。各場合の命令に LED を制御する命令を記述する。LED の消灯，点灯は接続したピンを Low（0 V）または High（5 V）に digitalWrite 関数で設定する。

③ 書き込みと触覚センサの動作確認

モータ駆動に関する命令を追加する前に触覚センサが正常に動作するか確認する。プログラムを Arduino に書き込み，触角に触れるとシリアルモニタの値が変化し，接触している側の LED が点灯することを確認する。シリアルモニタの値が変化しない場合は回路が正しく組まれていない可能性が高い。シリアルモニタの値が変化しているが LED が点灯しない場合は選択構造の条件が正しく記述できていない可能性が高い。

④ モータ駆動に関する命令の追加と確認

③までのプログラムにモータ駆動に関する命令を追加し，ロボットが障害物の有無によって自動で回避するプログラムを作成する。

(a) プログラムに回避動作の追加

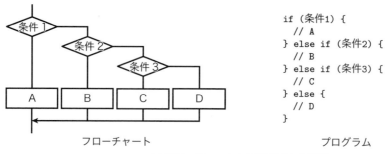

(a) フローチャートとプログラムの対応

条件1：右触角の接触なしかつ左触角の接触なし ⟷ inputRight == HIGH && inputLeft == HIGH
条件2：右触角の接触なし ⟷ inputRight == HIGH
条件3：左触角の接触なし ⟷ inputLeft == HIGH

(b) 各条件とプログラムの対応

図 2.14　選択構造（フローチャート）とプログラムの対応

② (c) の各分岐にそれぞれ動作を追加する。図 2.15 に障害物の有無による回避動作のフローチャートとプログラムを示す。モータ制御については，Hama-Bot 製作実習で説明した通り，D5，D6，D10，D11 の High/Low で制御する。ただし，プログラミング実習で動作に関する関数を作成している場合は，関数を定義し関数を使用すると良い。また，delay の指定時間は次の確認において改めて適切な値を設定するため，図 2.15 に示した値で指定してよい。

(b) 書き込みと障害物回避動作の確認

すべてのプログラムを記述したら Arduino にプログラムを書き込み動作させる。左右の触角に触れ回避動作の様子を観察し，後退時間・旋回時間に調整の必要があれば適切な時間になるよう delay 関数の時間を変更し，改めて書き込みと確認を行う。動作しない場合は③の手順が正しく終了している場合は駆動系に問題がある可能性が高く，Hama-Bot 製作実習の内容を見返して回路とプログラムに間違いが無いか確認する。

4　センサの利用

実習では触覚センサを用いて障害物を検知した。触覚センサは障害物がある，なしの2通りを検出している。しかし，ロボットは障害物に対して徐々に近づくものであり，障害物との距離に応じた制御を行うためには触覚センサは使用できない。そこで連続した電圧を出力することができるセンサを使用する。使用する目的や制御方法に応じて2通りの入力（デジタル入力）と連続値での入力（アナログ入力）のどちらを選ぶかはロボットの性能に大きく影響を与えるため，それぞれの入力について解説する。

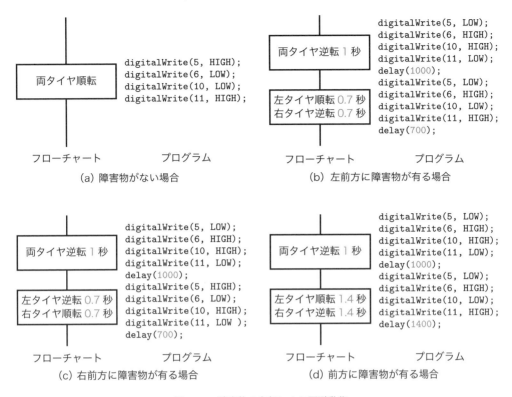

図 2.15　障害物の有無による回避動作

4.1　センサとデジタル入力

　デジタル入力は，スイッチを押したり，離したりする動作（ON/OFF 動作）で代表される，ある値が"存在する"，あるいは"存在しない"という2値のみの情報を取り扱うものである。コンピュータと外部との情報交換は，電源電圧（通常は 5 V）あるいは 0 V の電気信号を出したり，入れたりすることで行われ，コンピュータ内部では，High（1）あるいは Low（0）の情報として取り扱っている。触覚センサでは金属の線（ピアノ線）と接点（スズメッキ線）を使ってスイッチを作っている。スイッチは2つの金属が接触していない状態では無限大の抵抗値を示し，接触している場合は 0 Ω の抵抗値を示すセンサと考えることができる。そのため，触覚センサ（スイッチ）をプルアップ回路またはプルダウン回路に接続することで接触しているか否かを High（1）あるいは Low（0）の2つの状態として取得することができる。

　実際には入力電圧として電源電圧（5 V）または 0 V 以外の中間的な電圧が入力ピンに印加されることがある。この場合の2つの状態（High（1）あるいは Low（0））の区別はマイコンの"閾値"に依存する。Arduino UNO で用いられているマイコンの場合，入力電圧の閾値は約 2.5 V であり，入力電圧が 2.5 V より大きいと"1"，これより小さいと"0"となる。実際には Arduino で使われているマイクロコンピュータの入出力ピンは，シュミットトリガタイプであるため，High/Low の切り替わりにヒステリシスが見られ，"0"から"1"

へ切り替わる電圧と "1" から "0" へ切り替わる電圧に差がある。

触覚センサは動作により 0 Ω と無限大の抵抗値が切り替わるセンサと考えることができる。同様に CdS セルは明るさにより抵抗値が変化するセンサであり，その変化は連続的である。このように電圧が直接出力されるセンサではなく，抵抗値が変化するセンサを利用する場合を考える。入力ピンは抵抗値変化は読み取れないため，図 2.16 のような回路を組み立てる必要がある。この回路では，電源電圧（5 V）と 0 V の間に抵抗値が変化するセンサともう 1 つ別の抵抗を直列につなぎ，その接続部から信号を取り出している。2 つの抵抗により電源電圧を分圧し，抵抗値変化を電圧変化として読取りを行う。図 2.16 はプルアップ回路と呼ばれ，抵抗値が大きくなり閾値を超えると "1" が入力され，抵抗値が小さくなり閾値を下回ると "0" が入力される。触覚センサのようなスイッチを利用する場合は，センサの抵抗値が極端に大きく変化するためセンサに接続する抵抗の大きさはあまり考慮する必要がないが，CdS セルのようなセンサの場合，接続する抵抗の大きさによっては，全く入力動作を示さない場合がある。センサ素子の抵抗値と閾値の大きさから，接続する抵抗の大きさを適切に選択することが重要である。なお，図中，入力ピンに取り付けてある 1 kΩ の抵抗は，基本的には必要ないものであるが，コンピュータへの過電流の流入に対して入出力ピンを保護する目的で取り付けている。

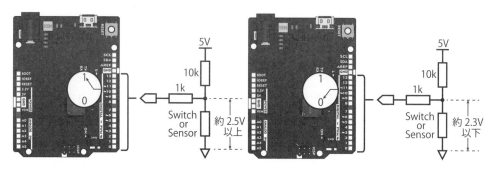

図 2.16　スイッチまたは触覚センサからの情報の入力原理（左：センサが OFF の場合，"1" が入力　右：センサが ON の場合，"0" が入力）

例えば，温度により抵抗値が変化するサーミスタのような，他の抵抗値が変化するセンサを利用する場合は，図 2.16 の "Switch or Sensor" の部分にサーミスタを取り付けることで，ある温度より高いか低いかの情報を判断することができるようになる。

4.2　センサとアナログ入力

アナログ入力は，温度変化，湿度変化などで代表されるような，ある値が 2 値だけでは表現できない連続的な情報を取り扱うものである。この場合，コンピュータと外部と情報のやりとりは，入力の場合は A/D コンバータを介して行うことになる。コンピュータ内部では，デジタル量しか取り扱うことができないため，アナログ量は，A/D コンバータの変換ビット数（10, 12, 16 bit など）に応じたデジタル量に変換することになる。Ardunio

UNO では 12 bit の A/D コンバータを搭載しているため，アナログ入力端子を利用して 0 V から 5 V の入力電圧を 0 から 16383 の数値に変換することができる。ただし，12 bit の分解能で使用するにはプログラム上で設定が必要である（デフォルトでは 10 bit）。アナログ入力においても，センサ回路が必要となる。もちろん，電圧信号がそのまま出力されるセンサを利用する場合は，そのままアナログ入力端子に接続すれば良いが，CdS のように抵抗値が変化するセンサを利用する場合は，デジタル入力と同じようにプルアップ回路のような回路に取り付ける必要がある。デジタル入力では入力される電圧が閾値より高いか低いかのみを判断するが，アナログ入力ではどの程度の電圧かを判断することができる。そのため，アナログ入力を用いることで，センサ素子の変化に応じて細かな動作を行うこともできる。例えば，デジタル入力では閾値があらかじめ決まっているため，入力信号を機械的に調整する（例えば，プルアップ抵抗の大きさを変える）ことで，入力状態が High（1）なのか Low（0）なのかを調整するが，アナログ入力を用いた場合は，例えば「512 より大きい」や「200 より大きい」というように閾値をソフト的に調整することができる。

参考文献

[1] Arduino: Arduino Documentation — Language Reference, https://docs.arduino.cc/language-reference/: 参照 2024-11-26.

[2] SHARP Corporation: GP2Y0A21YK0F Datasheet, https://jp.sharp/products/device/doc/opto/gp2y0a21yk_e.pdf: 参照 2023-12-12.

[3] 三上喜貴：安全安心社会研究の古典を読む（No.1）ハインリッヒの「産業災害防止論」, 安全安心社会研究, No. 1, pp. 87–100 (2011).

[4] Herbert William Heinrich, 総合安全工学研究所：ハインリッヒ産業災害防止論, p. 59, 海文堂出版 (1982).

[5] Herbert William Heinrich, 総合安全工学研究所：ハインリッヒ産業災害防止論, pp. 7–9, 海文堂出版 (1982).

[6] 厚生労働省：職場のあんぜんサイト：危険予知訓練（KYT）[安全衛生キーワード], https://anzeninfo.mhlw.go.jp/yougo/yougo40_1.html：参照 2023-12-12.

[7] Time For Kids: *Ready, set, write! : a student writer's handbook for school and home*, Time for kids Books (2006).

[8] 木下是雄：レポートの組み立て方, 筑摩書房 (1994).

[9] 木下是雄：理科系の作文技術, 中央公論新社 (2002).

[10] 和田秀樹：自分の考えを「5 分でまとめ」「3 分で伝える」技術, 中経出版 (2013).

[11] 扇澤敏明, 柿本雅明, 鞠谷雄士, 塩谷正俊：トコトンやさしい高分子の本, p. 36, 日刊工業新聞社 (2017).

[12] 鈴木宣二, 大澤政久, 三枝久芳, 平野高史：よくわかる「新 QC 七つ道具」の本, ナットク現場改善シリーズ, 日刊工業新聞社 (2011).

工学基礎実習・創造教育実習 2025

2018 年 3 月 20 日	第 1 版 第 1 刷 発行
2024 年 3 月 20 日	第 1 版 第 7 刷 発行
2025 年 3 月 10 日	第 2 版 第 1 刷 印刷
2025 年 3 月 20 日	第 2 版 第 1 刷 発行

　著　　者　　静岡大学工学部
　　　　　　　次世代ものづくり人材育成センター

　　　　　　　生源寺　類　　永田　照三
　　　　　　　戎　　俊男　　太田信二郎
　　　　　　　津島　一平　　志村　武彦

　発　行　者　　発田和子
　発　行　所　　株式会社 学術図書出版社

　〒113-0033　東京都文京区本郷 5 丁目 4 の 6
　TEL 03-3811-0889　振替 00110-4-28454
　　　　　　　　　　印刷　三松堂（株）

定価は表紙に表示してあります.

本書の一部または全部を無断で複写（コピー）・複製・転載することは，著作権法でみとめられた場合を除き，著作者および出版社の権利の侵害となります. あらかじめ，小社に許諾を求めて下さい.

© 静岡大学工学部次世代ものづくり人材育成センター　2018, 2025
Printed in Japan
ISBN978-4-7806-1335-3　　C3050